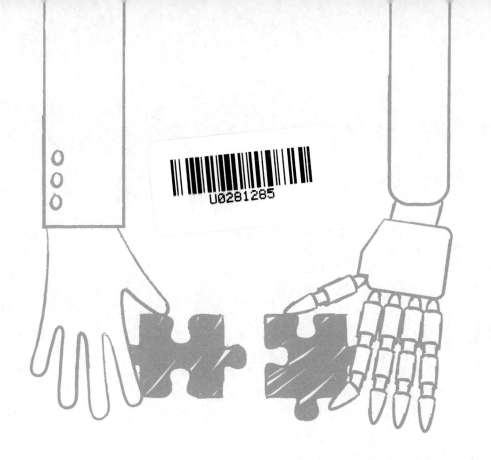

深度强化学习
核心算法与应用

陈世勇　苏博览　杨敬文　编著

电子工业出版社
Publishing House of Electronics Industry
北京·BEIJING

内容简介

本书是一本深度强化学习领域的入门读物。全书分为四部分：第一部分主要阐述强化学习领域的基本理论知识；第二部分讲解深度强化学习常用算法的原理及流程；第三部分总结深度强化学习算法在游戏、推荐系统等领域的应用；第四部分探讨该领域存在的问题和发展前景。

本书适合对强化学习感兴趣的读者阅读。

图书在版编目（CIP）数据

深度强化学习核心算法与应用 / 陈世勇，苏博览，杨敬文编著． -- 北京：电子工业出版社，2021．9
ISBN 978-7-121-41760-3

Ⅰ．①深⋯ Ⅱ．①陈⋯ ②苏⋯ ③杨⋯ Ⅲ．①机器学习－算法－研究 Ⅳ．① TP181

中国版本图书馆 CIP 数据核字（2021）第 159433 号

责任编辑：刘　皎
印　　刷：三河市华成印务有限公司
装　　订：三河市华成印务有限公司
出版发行：电子工业出版社
　　　　　北京市海淀区万寿路 173 信箱　　邮编：100036
开　　本：720×1000　1/16　　印张：10　字数：190.4 千字
版　　次：2021 年 9 月第 1 版
印　　次：2021 年 9 月第 1 次印刷
定　　价：69.00 元

凡所购买电子工业出版社图书有缺损问题，请向购买书店调换。若书店售缺，请与本社发行部联系，联系及邮购电话：(010)88254888，88258888。

质量投诉请发邮件至 zlts@phei.com.cn，盗版侵权举报请发邮件至 dbqq@phei.com.cn。

本书咨询联系方式：010-51260888-819，faq@phei.com.cn。

好评袭来

强化学习是实现决策智能的主要途径之一。经历数十年的发展，强化学习领域已经枝繁叶茂，技术内容纷繁复杂，为初学者快速入门带来了一定的障碍。作者在腾讯公司从事多年的游戏 AI 设计，是深度强化学习在游戏领域落地的早期探索实践者，对强化学习技术的优势与局限有深入理解。本书作为强化学习方向的入门读物，与其他强化学习书籍相比，在介绍强化学习基本概念以外，更加强调对当下流行的深度强化学习算法的介绍，以及对强化学习应用的介绍，其中包含了作者亲身参与的项目。相信读者能从本书中获得对强化学习技术发展状况的了解，尤其有助于初学者掌握强化学习应用技术的主干。

——俞扬，南京大学人工智能学院教授

很高兴看到这样一本全面、深入、实用的强化学习书籍面世。强化学习是一个既古老又年轻，并不断散发出全新魅力的技术领域，我和我的团队也一直致力于强化学习技术的工业化落地。正如本书总结与展望篇所说，强化学习的研究和应用还面临诸多挑战，但审慎乐观，大有可为。期待在本书的帮助下，有更多有志之士投身到强化学习技术的学习和实践当中！

——何径舟，百度自然语言处理部总经理

本书的一大特色是重视强化学习算法在工业界的实际应用落地，作者在学术界和工业界都有多年的工作经验，兼具扎实的理论功底和工业界实践经验，尤其对深度强化学习算法应用在游戏领域有广博而深度的认识。因此本书对于想在工作中尝试深度强化学习的互联网一线 AI 工程师有切实的指导意义。

——靳志辉（Rick Jin），日本东京大学人工智能博士，

《神奇的伽马函数》作者

前言

近几年来，深度学习无论是在学术界还是在工业界都掀起了一次又一次的热潮。深度学习凭借强大的建模能力和学习能力，不仅使机器学习技术有了长足的进步，而且在计算机视觉、自然语言处理、搜索推荐等诸多领域都展现了强大的应用实力[36, 22, 21, 29, 79]。

即使深度学习技术能够把猫狗花草分得比人类精准得多，人们依然认为它距离真正的人工智能还有很大差距。这是为什么呢？原因在于深度学习技术仅仅解决了机器感知外界的问题，虽然它能够告诉我们一张图片是猫还是狗（这是一个分类模型），但是对于感知到这个外界的知识之后该怎么用这一问题，目前在绝大部分场景下，都还是由人类完成的。因此，与真正的人工智能相比，深度学习技术还欠缺决策能力，必须对感知的知识做出反应才能称得上是一个智能体[61, 64, 62]。

众所周知，强化学习一直研究的就是多步决策的问题，它在机器学习领域是一个比较特殊的类别[68]。在监督学习中，我们通过建立数据与标签的关系来学习样本的数据分布；在无监督学习中，我们从数据的结构中发掘样本的分布规律。而强化学习与监督学习和无监督学习都不同，它既没有非常准确的监督信号，也不完全是无监督地在数据中发现结构。它通过不断与环境交互去学习一系列的决策，使得模型最终能够在环境中获得最大的收益。这是一种很接近人类智能的算法，但是由于学习效率低，强化学习一直都仅存在于学术研究领域，很难在真实的复杂场景中应用起来[42, 13, 83, 4]。

然而 DeepMind 在 2015 年于《自然》杂志上发表的 *Human-Level Control Through Deep Reinforcement Learning* 中，将强化学习与深度学习技术相结合，赋予了深度学习决策能力，两者结合训练出来的智能体在若干电子游戏上达到甚至超过了人类玩家的水平[44, 46, 69, 75, 55]。这是一个里程碑式的研究工作，它利用深度学习极大地拓宽了强化学习的应用范围，打开了深度强化学习这个全新的研究方向。DeepMind 的技术负责人 David Silver 提出：人工智能就等于强化学习加深度学习！随着越来越多的相关研究比如 A3C、IMPALA、PPO、DDPG 等研究工作的涌现[72, 8, 43, 56, 57, 20]，深度强化学习展现出越来越强的生命力，在许多真实的应用领域比如围棋、非常复杂的即时战略游戏《星际争霸》、机器人、动画生成、智能对话、搜索与推荐等领域都开始发挥着重要的作用，并且完成了很多之前根本无法完成的任务[72, 8, 16, 60, 14, 28]。

深度强化学习无疑正在掀起深度学习的又一波浪潮，它对机器学习技术乃至人工智能技术有着深远的影响，并且很可能把人工智能领域带向新的高度，这是令所有人工智能从业者和爱好者激动的技术革命。笔者认为，无论未来人工智能技术是否会强依赖于深度强化学习，它都很有借鉴价值，值得大家学习、了解。

本书系统地介绍了深度强化学习的基本概念和经典算法，并结合若干实际的应用场景对深度强化学习进行了深入的探讨。本书希望通过相对完整的知识体系和应用案例，帮助读者比较快地了解深度强化学习的内涵，掌握大概的脉络，从而能够顺利地进入该领域的研究和应用。

目录

第一部分

基础理论篇

马尔可夫决策过程

强化学习的两大基础是试错学习（Trail and Error）和最优化控制（Optimal Control）[68]。试错学习为强化学习提供了基础的框架和奖赏（Reward）等基本概念；由贝尔曼（Richard Bellman）所发展出来的最优化控制则为强化学习提供了重要的解决问题的工具和理论基础。从最优化控制出发，我们可以知道，强化学习依赖于一个重要的假设，即智能体（Agent）所在环境（Environment）对于动作的反馈是确定的，同时是满足马尔可夫性的。因此我们必须把强化学习问题转化成用马尔可夫决策过程（Markov Decision Process, MDP）来进行建模，以便能使用后续的各种工具如策略梯度（Policy Gradient）。

1.1 马尔可夫性

一个系统满足马尔可夫性[26]，是指系统的下一个状态只与当前状态信息有关，而与更早之前的状态无关。从数学上来说，当且仅当以下式子成立的时候，一个状态才是满足马尔可夫性的：

$$P(S_{t+1}|S_t) = P(S_{t+1}|S_1, \cdots, S_t) \tag{1.1}$$

那么一个随机过程满足马尔可夫过程的条件是，在这个过程中的所有状态都是符合马尔可夫性的，即对于状态集合 S 中的任意两个状态 s 和 s'，其状态转移概率都满足：

$$P(s \rightarrow s') = P(S_{t+1} = s'|S_t = s) \tag{1.2}$$

更进一步，在马尔可夫过程基础上，引入动作，即状态的转移与动作的影响有关，则成为马尔可夫决策过程，上式就转成

$$P((s,a) \to s') = P(S_{t+1} = s'|S_t = s, A_t = a) \tag{1.3}$$

简单来说，马尔可夫链是定义[32]，而马尔可夫决策过程中状态的转移是要通过动作来执行的。当状态不是完全可观测的时候，马尔可夫过程和马尔可夫决策过程就分别转化为隐马尔可夫模型（Hidden Markov Model）和部分可观测马尔可夫决策过程（Partially Observable Markov Decision Process, POMDP）。在本书中，我们讨论的主要是状态完全可观测的情况，有隐藏状态的决策过程通常会更加复杂。

1.2　一些基本定义

通常，我们会将强化学习问题建模成智能体与环境交互的模型。其中，智能体通过与环境交互来接收环境的信息，得到自己当前的状态（State），再根据状态做出动作，到达下一个状态。在这个交互的过程中，环境也会给智能体以正向或者负向的反馈，通常称为奖赏[68]。

如果要用数学的形式来表达马尔可夫决策过程，我们需要首先定义一些基本概念。

- 状态 s：代表智能体可以从环境中获取的信息，其中 $s \in S$，S 代表所有可能的状态的集合；
- 动作 a：代表智能体可以做的决策，其中 $a \in A$，A 代表所有可能的动作的集合；
- 转移概率 $p(s_{i+1}|s_i, a_i)$：代表智能体在状态 s_i 做了动作 a_i，使环境转变为 s_{i+1} 的概率；
- 奖赏 $r(s_i, a_i)$：代表智能体在状态 s_i 做了动作 a_i 所获得的奖赏。

通常智能体在环境中会做多步的决策，在状态 s_0 做了动作 a_0，获得 r_0，并使状态变成 s_1，一步一步进行下去，形成一个序列

$\tau = (s_0, a_0, s_1, a_1, \cdots)$。智能体在时间步 t 时决策的目标就是使得之后的累积奖赏最大，这个累积奖赏通常会称为回报（Return）。假设在时间步 t 后智能体拿到的奖赏依次是 $r_{t+1}, r_{t+2}, r_{t+3}, \cdots$，则其中一种带折扣的回报的表达形式如下所示：

$$R_t = r_{t+1} + \gamma r_{t+2} + \gamma r_{t+3} + \cdots = \sum_{k=0}^{\infty} \gamma^k r_{t+k+1} \tag{1.4}$$

这里的 γ 是 0 到 1 之间的折扣因子，表示未来的奖赏对现在的影响。$\gamma = 0$ 相当于只考虑当前的回报，这个时候，其实强化学习和监督学习没有什么区别；而当 $\gamma = 1$ 的时候，表示能够看到无限远的地方，但这种情况一般不容易训练，很难收敛。

1.3　值函数

从回报出发，我们可以进一步定义在某个状态 s 可以获得的长期回报的期望值，这个值通常被称为状态值函数（V 值）：

$$v(s) = \mathbb{E}(R_t | S_t = s) \tag{1.5}$$

而在某个状态 s 做动作 a 可以获得的长期回报的期望值，通常被称为动作值函数（Q 值）：

$$q(s, a) = \mathbb{E}(R_t | S_t = s, A_t = a) \tag{1.6}$$

1.4　基于策略的值函数

智能体做动作的决策过程，可以用策略 π 表示，可以被定义为智能体在状态 s 下选择动作空间 A 中的动作的概率 $p(a|s)$。在确定性策略的情况下，某个状态 s 对应的动作 a 概率为 1；在随机策略情况下，这是一个概率分布。一个智能体在某个状态下选择某个策略的 V 值和 Q 值就可以定义为

$$v_\pi(s) = \mathbb{E}_\pi(R_t | S_t = s) \tag{1.7}$$

$$q_\pi(s, a) = \mathbb{E}_\pi(R_t | S_t = s, A_t = a) \tag{1.8}$$

这两个值的概率很相似。V 值表示的是某个状态本身长期的价值，而 Q 值表示的是某个状态下、某个动作的长期价值。由于 Q 值直接对动作进行打分，因此通常在动作离散的情况下，会使用 Q 值来学习（Q-Learning 的方法），而动作空间很大的时候，则使用 V 值对策略进行梯度迭代（策略梯度的方法）。

1.5　贝尔曼方程

在求解值函数的时候，通常要使用动态规划（Dynamic Programming）的方法来求解。这就需要把函数写成贝尔曼方程（Bellman Equation）的形式。贝尔曼方程是由理查 · 贝尔曼（Richard Bellman）发现的，在解决强化学习或者马尔可夫决策过程的问题时基本都要用到。通过贝尔曼方程，我们可以把一个长的序列决策最佳化问题变成一个更简单的子问题，这些子问题可以用贝尔曼方程继续进行简化。

根据 Q 值和 V 值的定义，可以得到

$$v_\pi(s) = \sum_{a \in A} \pi(a|s) \times q_\pi(s, a) \tag{1.9}$$

$$q_\pi(s, a) = \mathbb{E}(r_{t+1}|S_t = s, A_t = a) + \gamma \sum_{s' \in S} P(S_{t+1} = s'|S_t = s, A_t = a) v_\pi(s') \tag{1.10}$$

也就是说，状态 s 的 V 值，等于它在该状态下做所有可能动作的 Q 值的概率加权和。这个很好理解，对于状态 s 来说，它的所有回报都是基于下一步的可能动作带来的收益而得到的。同样，对于在状态 s 做出动作 a 的 Q 值来说，也是相当于它在该状态下做出动作获得的即时收益和下一所有可能状态的加权和。把这两个式子组合一下，就得到了 V 值和 Q 值的贝尔曼方程形式：

$$v_\pi(s) = \mathbb{E}_\pi(r_{t+1} + \gamma v_\pi(S_{t+1})|S_t = s) \tag{1.11}$$

$$q_\pi(s, a) = \mathbb{E}_\pi(r_{t+1} + \gamma q_\pi(S_{t+1}, A_{t+1})|S_t = s, A_t = a) \tag{1.12}$$

考虑到强化学习的目标是寻找一个最优的策略，能够使得总的收益最大，即值函数最大。因此我们假定最优的策略是 π^*，那么可以得到贝尔曼最优方程：

$$v_{\pi^*}(s) = \max_{\pi} v_{\pi}(s) \tag{1.13}$$

$$q_{\pi^*}(s, a) = \max_{\pi} q_{\pi}(s, a) \tag{1.14}$$

可以看到贝尔曼最优方程和贝尔曼方程的区别就是是否和当前策略有关。基于贝尔曼方程的一个强化学习方法是 Sarsa，因此它是同策略（On-Policy）的强化学习方法；与之对应的是 Q-Learning，基于贝尔曼最优方程，是异策略（Off-Policy）的强化学习方法。

1.6　策略迭代与值迭代

那么通常用什么方法找到最优策略呢？从理论上来说，如果我们能够知道环境的运行规律，能够对环境建模，同时计算资源足够多，就可以用动态规划的方法来解决优化问题。其中最经典的就是策略迭代（Policy Iteration）和值迭代（Value Itereation）的方法。

策略迭代的方法很简单。假设随机找了一个策略，我们可以用这个策略来得到该策略对应的值函数，然后基于该值函数，可以去找到更好的策略；再通过一轮一轮的迭代，让最后的算法收敛。这两个过程分布就是策略评估（Policy Evaluation）和策略提升（Policy Improvement）。整个算法过程如下。

（1）　初始化一个策略 π 和所有状态下的 V 值：$v(s)$；

（2）　在策略评估阶段，先基于现有的策略 π 给每个状态更新 $v(s)$，直到更新前后的 v 值不再改变。如式 (1.15) 所示，更新后的第 $i+1$ 轮迭代的 $v^{i+1}(s)$ 和更新前的第 i 轮迭代的 v^i 的值不再改变，就说明完成了策略评估；

$$v^{i+1}(s) = \sum_{s' \in S} p(s'|s, \pi(s))(r(s, \pi(s)) + \gamma v^i(s')) \tag{1.15}$$

（3） 在策略提升阶段，基于上一步得到的新的 V 值，更新我们的策略；

$$\pi(s) = \arg\max_a \sum_{s' \in S} p(s'|s,a)(r(s,a) + \gamma v(s')) \tag{1.16}$$

（4） 如果策略更新了，就继续执行第（2）步。如果策略不再更新，就得到了解答。

可以看到，策略迭代是依照贝尔曼方程来进行迭代的。另外一个思路就是直接根据贝尔曼最优方程来进行迭代，也就是值迭代的方法。

$$v^{i+1}(s) = \max_{\pi^*(s)} \sum_{s'} p(s'|s,\pi^*(s))(r(s,\pi^*(s)) + \gamma v^i(s')) \tag{1.17}$$

那么这个 π^* 是怎么得到的呢？就是通过选取使上式中 V 值最大的动作得到，即

$$\pi^*(s) = \arg\max_a \sum_{s' \in S} p(s'|s,a)(r(s,a) + \gamma v^i(s')) \tag{1.18}$$

可以看到，值迭代在每一步计算值函数的时候，没有使用一个具体的策略去迭代更新，而是直接计算当前状态下每个动作的回报的期望。这两种方法的差异也一直贯穿整个强化学习的发展，后续不管是同策略还是异策略、值迭代还是策略迭代，都可以回溯到这里，或者更根本的贝尔曼方程。本质上，策略迭代和值迭代是一致的：策略迭代对于值函数的计算更加精确，一步一步逼近最优解；值迭代只是使用了值函数的一个期望，因此效率会更高一些。

但是，整体来说，这两种方法都依赖于状态转移概率 $p(s'|s,a)$，它在很多情况下都是不可知的。通常我们要能够对环境进行建模，才能得到这个概率。当然，现在也有很多人研究怎么从与环境的交互中学到模型，比如 World Models 的方法。现在大多数流行的方法如 DQN、A3C、PPO 等，都是无模型的（Model Free），我们在后续章节中会分别介绍。

2

无模型的强化学习

在基于模型的强化学习中，可以通过动态规划的方法更新值函数。但是在现实的大部分场景中，我们都无法对环境建模，也就是，我们不知道状态之间的转移概率，不了解在某个状态下做了一个动作后会变成什么状态。那么在无模型的情况下，就只能用别的方法来学习值函数了。我们把最优化控制和试错学习结合起来，很自然地就会想到从轨迹中学习（Learning from Trajectories），让智能体在环境中不断尝试，估计一个接近真实的值函数。

在模型已知的情况下，可以直接根据式 (2.1) 用动态规划的方法得到值函数

$$v_{\tilde{\pi}}(s) = \mathbb{E}_{\pi}(r_{t+1} + \gamma v_{\pi}(S_{t+1})|S_t = s) \tag{2.1}$$

那么在没有模型时，怎么估计一个比较准确的值函数？这就是强化学习算法的精髓了。我们可以采用蒙特卡罗的方法计算该期望，即在环境中按照一定的先验知识进行采样，将多次采样的平均结果作为值函数的期望；也可以通过时间差分的方法来迭代地估计值函数，只要每次能够比前一次的估计更准确，最终一定可以收敛到一个比较好的值；此外，在值函数难以估计的情况下，还可以通过策略梯度的方法，直接对策略进行估计和迭代更新。

接下来，我们就详细讲述这些无模型的强化学习方法。

2.1 蒙特卡罗方法

蒙特卡罗方法不是指某一种特定的算法，而是单纯指基于随机采样的方法进行计算学习[23]。关于蒙特卡罗方法，有一个很经典的计算圆周率的例子。我们知道半径为 r 的圆面积是 πr^2，而其外接正方形的面积是 $4r^2$。因此圆和其外接正方形面积的比值是 $\frac{\pi}{4}$。这样，我们从正方形内随机采样点 $(p_1, p_2, \cdots, p_n)$，当 n 足够大的时候，采样点在圆内的个数 t 和总采样数 n 满足：

$$\frac{\pi}{4} \approx \frac{t}{n} \tag{2.2}$$

因此，当我们知道 t 和 n，π 的值也就算出来了。

从上面的例子可以看到，可以通过大量的采样，得到一些理论值的近似值。在强化学习中，这就是 V 值和 Q 值。

2.1.1 蒙特卡罗方法预测状态 V 值

在蒙特卡罗方法中，我们从初始状态 s_0 出发，基于一定的策略 π 随机选取动作，使状态转化为终结状态 s_{end}，同时获得一个奖励 r，以此作为一个回合。当我们不断重复这个过程 N 次，就可以得到 N 条从 s_0 出发的轨迹 τ，以及其对应的结束状态和奖励。当 N 非常大的时候，根据大数定律，我们可以认为这个奖励序列 $(r_1, r_2, r_3, \cdots, r_n)$ 的均值 r_{avg} 就是状态 s_0 在策略 π 下的 V 值，即

$$V_\pi(s_0) = \frac{\sum_{i=1}^{N} r_i}{N} \tag{2.3}$$

举个例子，我们下象棋时，看到某个残局的时候，都会在脑海里模拟接下来的棋局，以此判断在这个局面下，是红方还是黑方占据优势。这个模拟的过程，就可以类比为蒙特卡罗方法，而预测的这个局面的优势，就可以理解为状态的 V 值。

在计算 s_0 的 V 值的均值时，可以有两种策略，一种是首次访问（first-visit）蒙特卡罗方法，一种是每次访问（every-visit）蒙特卡罗

方法。因为在每次生成轨迹 τ 的时候，是有可能多次经过状态 s_0 的。那么首次访问蒙特卡罗方法只计算第一次经过 s_0 时的回报，而每次访问蒙特卡罗方法则把每次经过 s_0 的回报都用在均值计算中。

2.1.2　蒙特卡罗方法预测 Q 值

但是，在没有模型的时候，一般我们选择估计 Q 函数，这里最主要的原因是，考虑了动作，Q 函数的估计会比 V 值的估计更直观一些。因为我们学习的目标是找到一个使回报最大的策略，在知道状态 s 的 V 值的情况下，我们的策略是

$$\pi(s) = \arg\max_a (r(s,a) + \gamma \sum_{s'} p(s'|s,a) \times V(s')) \tag{2.4}$$

而在无模型的情况下，$p(s'|s,a)$ 是不可知的，甚至 $r(s,a)$ 也是很难获得的，因此即使我们计算出了每个状态 s 下的 V 值，我们还是没有办法选择一个策略。而反过来，如果我们知道了 $Q(s,a)$，我们的策略马上就可以定义为

$$\pi(s) = \arg\max_a Q(s,a) \tag{2.5}$$

2.1.3　蒙特卡罗策略优化算法

通过蒙特卡罗方法来进行强化学习的具体步骤可以分为两步。首先我们根据一个初始的策略在环境中采样到轨迹，根据采样的轨迹来估计 $Q(s,a)$，这一步也被称为策略估计（Policy Evaluation）；在第二步中，我们根据估计到的 Q 值更新初始的策略，这一步也被称为策略提升（Policy Improvement）。具体的算法如 Algorithm 1 所示。

但是这里会有一个新的问题，在预测 Q 值的情况下，需要在状态 s 下以一定的策略遍历所有可能的动作 a，以通过大量的数据求得 $Q(s,a)$ 的估计值。但是对于一个确定性的策略来说，在状态 s 下执行动作 a 是固定的。因此，如果我们固定以某一个策略进行采样，很有可能得到一个有很大偏差的估计，无法采到大量的状态动作对。然而另一方面，纯用随机的方式采样，也存在效率低、和实际有偏差的问题。因此这里其

Algorithm 1　蒙特卡罗策略优化算法

Require:
　　Init $Q(s, a)$, Init $\pi(s)$, Init $R(s, a) = []$
1: Repeat
2: 从初始状态 s_0 开始，以初始策略 π 来生成一个回合 (episode) 的轨迹
3: **for** 回合里的每一个状态动作对 (s, a) **do**
4: 　计算 (s, a) 的回报 G
5: 　把 G 更新到对应的 $R(s, a)$
6: 　使用 $R(s, a)$ 更新 Q 值：$Q(s, a) = \mathrm{avg}(R(s, a))$
7: **end for**
8: 对于回合里的每个状态 s，更新策略 $\pi(s) = \arg\max_a Q(s, a)$

实牵涉到强化学习一个很重要的问题：探索和利用。在后面的章节，我们也会不断讨论这个根本的问题。

2.1.4　探索和利用

使用蒙特卡罗方法能够估计值函数的前提条件是能够合理地访问每个可能的状态。因此，我们希望尽可能探索到所有可能的状态，从而估计一个比较准确的 $Q(s, a)$。当状态空间比较小的时候，可以通过随机探索的方法来探索全部的状态空间。但是当状态空间比较大的时候，需要利用现有已经探索到的策略，以便高效访问那些 Q 值更高的状态动作对。因此要如何设计探索策略，才可以保证很好地访问到所有的状态呢？

一种最常用的方式叫做 ϵ 贪婪策略（ϵ-greedy algorithm）。这个算法来源于多臂老虎机（bandits）。其思路很简单，在每个状态下，以一定概率 ϵ 随机选择动作，而以 $1 - \epsilon$ 的概率选择当前 Q 值最大的动作。这样，既兼顾了利用当前的策略，也有一定的概率探索新的更好的策略。在这之上也可以有很多变种，比如在迭代之初，可以用一个更大的 ϵ，来增加探索的概率，而当后期已经获得了一些比较好的策略时，可以适当降低探索的概率。可以证明，这样的策略是保证收敛的。

ϵ 贪婪的策略在 ϵ 的时候，还是对动作均匀采样的，但这样其实会有效率的问题。因为在某个状态下不同动作的 Q 值大小是不一致的，我们

可以考虑更多的探索 Q 值更大的动作，这样可以更快收敛。一个比较好的策略是 UCB（Upper Confidence Bound）：

$$\frac{Q(s,a)}{N(s,a)} + C \times \sqrt{\frac{\ln N(s)}{N(s,a)}} \tag{2.6}$$

这个式子和常见的 UCB 的公式稍有不同。其中 $N(s)$ 是之前采样到状态 s 的次数，$N(s,a)$ 是在状态下选择动作 a 的次数，$Q(s,a)$ 是对应的估计的 Q 值，C 是人工设置的权重参数。基于 UCB 的值，选择不同的动作：

$$\pi(s) = \arg\max_a \left(\frac{Q(s,a)}{N(s,a)} + C \times \sqrt{\frac{\ln N(s)}{N(s,a)}}\right) \tag{2.7}$$

可以看到，当某个动作的 Q 值比较大、以及该动作被采样的次数很小时，相应的 UCB 值都比较大，也即更可能被采样到。我们可以认为 $\frac{Q(s,a)}{N(s,a)}$ 体现的是对现有策略的利用，$\sqrt{\frac{\ln N(s)}{N(s,a)}}$ 代表的是对未知的探索，C 是用来控制探索和利用的比重。

2.1.5　异策略蒙特卡罗方法

可以看到，在之前的 ϵ 贪婪的策略中，我们用来评估和行动的策略是同一个策略。如果进一步优化，可以把评估和行动的策略拆成两个不同的策略：评估某个状态-动作对的 Q 值是目标策略（target policy），用来执行动作的策略称为行为策略（behavior policy）。这里涉及强化学习中一个很重要的概念：同策略和异策略，有时也会被称为"在策略"和"离策略"。像 ϵ 贪婪策略这种评估和行为的策略是同样的策略，称为同策略；行为策略和目标策略是两个单独函数的策略，称为异策略。在同策略的情况下，如要保持探索性则必然会牺牲一定的最优选择机会。异策略下通常可以有更大的自由度，可以在目标策略中求解最优值，但同时也会更难收敛一些。在后面的章节中，同策略和异策略的比较还会在不同的算法中出现。

例如在蒙特卡罗方法中，如果使用两个策略函数：目标策略和行为策略，我们会通过行为策略来生成回合、局，然后基于这些回合、局，在目标策略上进行更新，这样行为策略通常是更偏向于探索的；而目标策略利用行为策略采样的回合、局的时候，可以更倾向于选择最优解，而不用考虑探索的问题。

在异策略上，我们需要用行为策略 (π_b) 采样的回报的期望去估计目标策略 (π_t) 的回报的期望，这就牵涉到用一个简单分布去估计服从另一个分布的随机变量的均值的问题，通常在统计上会用重要性采样（Importance Sampling）的方法来进行处理。同时，行为策略 π_b 和目标策略之间也要满足条件：如果 $\pi_t(a|s) > 0$，则 $\pi_b(a|s) > 0$；或者换个说法，如果 $\pi_b(a|s) = 0$，那么 $\pi_t(a|s) = 0$。这样保证在 π_t 和 π_b 中，所有状态下的动作空间都是一致的。

具体来说，在离散的情况下，行为策略 π_b 的回报的期望是 $E(R|\pi_b) = \sum_{i=1}^{c} r_i \times p_i$，而 π_t 的回报的期望是 $E(R|\pi_b) = \sum_{i=1}^{c} r_i \times q_i$。其中 p_i 表示策略 π_b 获得回报 r_i 的概率，q_i 表示策略 π_t 获得回报 r_i 的概率。如果用蒙特卡罗方法采样，可以通过计算采样 N 次得到回报的均值来估计回报的期望。

$$E(R|\pi_b) = \frac{1}{N} \sum_{i=1}^{c} (r_i \times K_i) \tag{2.8}$$

$$E(R|\pi_t) = \frac{1}{N} \sum_{i=1}^{c} (r_i \times M_i) \tag{2.9}$$

这里 K_i 和 M_i 分别代表两个策略采样得到回报 r_i 的次数。当采样次数 N 足够大的时候，其实是可以得到 $K_i = N \times p_i$，$M_i = N \times q_i$ 的，因此即使我们没有对策略 π_t 进行采样，通过对 π_b 进行采样，也可以得到

$$E(R|\pi_t) = \frac{1}{N} \sum_{i=1}^{c} (r_i \times K_i \times \frac{q_i}{p_i}) \tag{2.10}$$

这个就称为普通重要性采样（Ordinary Importance Sampling）。但是在实际应用中，因为我们不可能做到无限次采样，因此有可能会碰到某一次采样 $\frac{q_i}{p_i}$ 的值特别大或者特别小，导致整个采样的方差特别大，最后算的均值和真实的期望不一致。这里最重要的原因是，我们对策略 π_b 每次采样的回合、局都在策略 π_b 中赋予了同样的权重，实际上在有限次采样的过程中，某个采样 τ_i 在 π_b 中出现 K_i 次，在策

略 π_t 中应该出现 $K_i \times \frac{q_i}{p_i}$ 次。因此通常我们会用这个估计的次数来替换 N:

$$E(R|\pi_t) = \frac{\sum_{i=1}^{c}(r_i \times K_i \times \frac{q_i}{p_i})}{\sum_{i=1}^{c}(K_i \times \frac{q_i}{p_i})} \tag{2.11}$$

离线的蒙特卡罗方法也采用这种加权的重要性采样（Weighted Importance Sampling）的方法。具体说来，对于采样的一个回合、局：

$$\tau = (s_1, a_1, \cdots, s_{T-1}, a_{T-1}, s_T, a_T)$$

这个序列在策略 π 下出现的概率是

$$P(\tau|\pi) = \pi(s_1, a_1) \times \pi(s_2, a_2) \times \cdots \times \pi(s_{T-1}, a_{T-1}) \tag{2.12}$$

对于第 i 回合 τ_i，我们可以根据重要性采样得到行为策略 π_b 的回报期望，来估计目标策略 π_t 的比值（Importance Sampling Ratio）：

$$\left(\frac{q_i}{p_i}\right) = \frac{P(\tau_i|\pi_t)}{P(\tau_i|\pi_b)} = \prod_{t=1}^{T} \frac{\pi_t(s_t, a_t)}{\pi_b(s_t, a_t)} \tag{2.13}$$

如果单独考虑这个采样序列中的 τ_i，令 $W_T = \frac{q_i}{p_i} = \prod_{t=1}^{T} \frac{\pi_t(s_t,a_t)}{\pi_b(s_t,a_t)}$，假设每一步得到的奖励是 $G_1, G_2, \cdots, G_{T-1}$，结合式 (2.11)，因为 $K_i = 1$，可以变为

$$R_T = \frac{\sum_{i=1}^{T-1}(G_i \times W_i)}{\sum_{i=1}^{T-1}(W_i)} \tag{2.14}$$

基于蒙特卡罗的马尔可夫性，我们可以把它改成增量的方式

$$R_{T+1} = R_T + \frac{W_T}{C_T}(G_T - R_T) \tag{2.15}$$

其中 $C_T = C_{T-1} + W_T$ 是对应的采样序列 τ_i 在策略 π_t 下出现次数的概率。这样我们就可以根据行为策略 π_b 采样的数据来增量地更新目标策略 π_t 了。在实践中，通常可以用一个较早的目标策略加上 ϵ 来作为一个行为策略进行采样。

2.2 时间差分方法

蒙特卡罗方法一个最大的问题是，必须每一次都完成一个回合（局）才能够估计值函数。但是在很多实际的情况中，例如训练一个机器人走路，可能没有结束的状态；或者即使有结束的状态，但是整个回合特别长，例如一盘《王者荣耀》比赛，可能需要半个多小时，完成上万个动作。在这些情况下，蒙特卡罗方法可能就没有办法应用了。1988 年 Richard Sutton 提出时间差分（Temporal Difference，TD）之后，才找到了解决这种问题的有效方法。可以说这是强化学习发展的重要成果之一。

2.2.1 基本思想

时间差分方法是一类利用过去从系统中获得的经验来增量地学习预测未来的方法[18, 10, 5]。对于大部分的强化学习问题，和蒙特卡罗方法相比，时间差分方法可以以更少的计算资源更快地产生更准确的预测。具体而言，从之前的章节中我们可以得到

$$V_\pi(s_t) = \mathbb{E}_\pi(G_t|S = s_t) = \mathbb{E}_\pi(R(s_{t+1}) + \gamma V(s_{t+1})|S = s_t) \quad (2.16)$$

蒙特卡罗方法就是想要估计 G_t，而时间差分方法则是想要估计 $R(s_{t+1}) + \gamma V(s_{t+1})$。可以看到，蒙特卡罗方法是用每个样本真实获得的奖赏累积 G_t 来估计 $v_\pi(s_t)$ 的；而时间差分方法则是用样本下一步的奖赏 $R(s_{t+1})$ 和在策略 π 下，下一状态 s_{t+1} 的当前估计值来估计 $v_\pi(s_t)$ 的。为了估计这个期望，时间差分方法结合了蒙特卡罗的采样和动态规范的自举（bootstraping）。在具体的算法中，我们可以用当前估计的时间差分误差来更新当前的值函数。

更新的公式如下：

$$V'(s_t) = V(s_t) + \alpha(R(s_{t+1}) + \gamma V(s_{t+1}) - V(s_t)) \quad (2.17)$$

这个公式被称为 TD(0)，即一步差分公式。其本质思想是只利用 $t + 1$ 步的状态值函数来更新 t 步的状态值函数。它可以扩展

到 N 步的时间差分公式。它的主要部分便是时间差分误差 $\sigma = R(s_{t+1}) + \gamma V(s_{t+1}) - V(s_t)$。和蒙特卡罗方法相比，时间差分方法对值函数的估计是有偏差的，因此对初值比较敏感，但是其收敛比较快，泛化性也比较好。

在实际的时间差分算法中，大家其实更多地还是估计 Q 值而不是 V 值，其中最经典的两个算法是 Q-Learning 和 Sarsa，这两个方法也分别是异策略和同策略的，比较其中的思路，可以更好地理解它们之间的区别。

2.2.2　Sarsa 算法

Sarsa 算法是一种同策略的时间差分类的算法[68]，Sarsa 这个名字很直白地表示了其所使用的五个重要因子：

- S: 当前状态（State）；
- A: 当前动作（Action）；
- R: 当前奖赏（Reward）；
- S: 下一状态（State）；
- A: 下一动作（Action）。

即 Sarsa 算法的全称是 State-Action-Reward-State-Action 算法，假设一定要翻译成中文，则可能是状态-动作-奖赏-状态-动作算法。

前面我们提到了两种值函数，分别是状态值函数 $V(s)$ 和状态动作值函数 $Q(s,a)$，而 Sarsa 算法就是利用时间差分的方法来对当前策略 π 下的所有 s，a 的状态动作值函数 $Q(s,a)$ 进行估计的方法。具体地，为了对 $Q(s,a)$ 进行更加准确的估计，Sarsa 采取的方式是基于当前策略 π 在状态 S_t 下使用动作 A_t 转换到状态 S_{t+1} 后，收获奖赏 $R(S_t, A_t)$，以此差异来更新原始的对于 (S_t, A_t) 的状态动作值函数的估计，并以 A_{t+1} 为动作来继续执行直到终止状态。其中，更新 Q 值可使用下式：

$$Q'(S_t, A_t) = Q(S_t, A_t) + \alpha(R(S_t, A_t) + \gamma Q(S_{t+1}, A_{t+1}) - Q(S_t, A_t)) \quad (2.18)$$

其中，α 表示学习率，决定了从新样本中获取的信息取代旧信息的程度，比如 α 为 0 时对新样本不产生任何影响，α 为 1 时则完全覆盖旧样本。$Q(S_t, A_t)$ 是当前对于 (S_t, A_t) 的 Q 值估计，$Q'(S_t, A_t)$ 是更新后对 (S_t, A_t) 的 Q 值的估计，这个过程如图 2.1 所示。看到这里，应该会对 Sarsa 算法中涉及的五个部分和这个算法的名字有更深刻的了解。基于此过程，可得到 Sarsa 的具体算法如 Algorithm 2 所示。

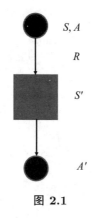

图 2.1

Algorithm 2　Sarsa 算法

1: 随机初始化所有的状态和动作对应的价值函数 Q，对于终止状态的 Q 值初始化为 0
2: REPEAT
3: 从状态 S_t 开始，基于 Q 值来制定策略（比如 ϵ 贪婪的方法），选择 A_t
4: 计算 (S_t, A_t) 对应的奖赏 r，和下一步的状态 S_{t+1}
5: 从 S_{t+1} 开始，基于 Q 值来制定策略（比如 ϵ 贪婪的方法），选择 A_{t+1}
6: $Q(S_t, A_t) = Q(S_t, A_t) + \alpha(R(S_t, A_t) + \gamma Q(S_{t+1}, A_{t+1}) - Q(S_t, A_t))$
7: 直至所有的 $Q(S, A)$ 收敛，在这里步长 α 一般需要随着迭代的进行逐渐变小，这样才能保证动作价值函数收敛

可以看到，Sarsa 算法更新 Q 函数是根据当前选择的策略得到的，因此这是一个同策略的算法。在算法中，我们通常使用 ϵ 贪婪策略来选择动作，但实际上，其他的策略其实也是可以使用的。可以看到，在这样的更新方式下，Sarsa 算法下 Q 值估计的方差要比蒙特卡罗算法下的要小一些，这是因为，Sarsa 算法每次更新都是基于上一次估计的 Q 值，因此 Q 值迭代之间的变化比较小，收敛比较快。而蒙特卡罗算法每次采样的结果很可能差别很大，因此方差会比较大。另一方面，蒙特卡罗方法的偏差会比较小，因为其每次的估计都是基于一次真实的轨迹；而

Sarsa 算法估计的 Q 值偏差有可能特别大。

一个应用 Sarsa 算法的经典例子是 Sutton 提到的 Windy Gridworld 问题，如图 2.2 所示。图中是一个 10×7 的网格，每一个格子表示一个可能到达的状态，其中 S 是起点（Start），G 是目标点（Goal），中间一部分网络中存在风的影响，网络下方的数字表示对应的列中风的强度，当该数字是 1 时，个体进入该列的某个格子时，会按图中箭头所示的方向自动移动一格，当数字为 2 时，表示顺风移动 2 格，以此类推模拟风的作用。我们所能做的就是分别往上（U）下（D）左（L）右（R）四个方向移动一步，且每一步的奖赏都是 –1，到达目标点的奖赏为 0。用 Sarsa 算法来求解这个问题，以得到最优策略使累积奖赏最大，可能的一个训练结果如图 2.3 所示。

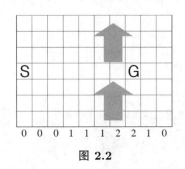

图 2.2

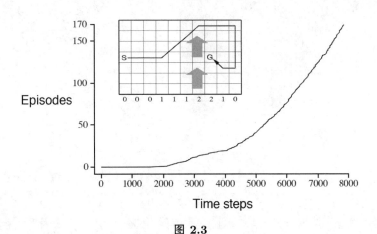

图 2.3

通过在网格世界中的探索和学习，智能体学习到这样的行为序列 [R，R，R，R，R，R，R，R，R，D，D，D，D，L，L]，得到了比

较大的奖赏 −14。可以看出，在训练的早期，由于智能体对环境的情况一无所知，需要进行很多的探索和试错，也因此在开始的两千多步中，智能体只能完成非常少的完整一局。但是一旦智能体找到了一条从起点到终点的路径后，其策略优化的速度就变得非常快了。值得一提的是，在这个问题上，蒙特卡罗方法的效率会变得很低，因为必须走完完整一局才可能更新策略，而 Sarsa 算法则更新较快，能够更快收敛。

2.2.3　Q-Learning 算法

在经典强化学习中，最令人熟知的算法莫过于 Q-Learning 算法。在 Sarsa 算法中，学习最优策略的同时还在做探索，而 Q-Learning 直接学习的是最优策略[76]，1 步的 Q-Learning 的 Q 值更新公式如下：

$$Q'(S_t, A_t) = Q(S_t, A_t) + \alpha(R(S_t, A_t) + \gamma \max_{A'} Q(S_{t+1}, A') - Q(S_t, A_t))$$
(2.19)

其更新过程如图 2.4 所示。

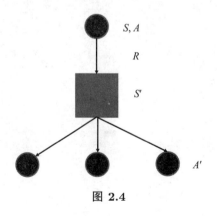

图 2.4

在 Q-Learning 中，并不是根据下一步选择的动作 A_{t+1} 来更新 Q 值，而是根据在下一状态下的最大 Q 值 $\max_{A'} Q(S_{t+1}, A')$ 来更新当前的 $Q(S_t, A_t)$。这样 Q 值的更新和具体的策略就分开了，因此是异策略的算法。相比 Sarsa 算法，因为每次估计的时候都用当前的最大值，所以整体的偏差会变小。但是由于更新是基于最大值的，因此 Q-Learning 算法的方差会更大一些，同时会倾向于高估当前的状态。基于式 (2.19)，

Q-Learning 算法如 Algorithm 3 所示。

Algorithm 3　Q-Learning 算法

1: 随机初始化所有的状态和动作对应的价值函数 Q，对于终止状态的 Q 值初始化为 0
2: REPEAT
3: 从状态 S_t 开始，以 ϵ 贪婪的方法来选择动作 A_t
4: 计算 (S_t, A_t) 对应的奖赏 r，和下一步的状态 S_{t+1}
5: 根据式 (2.19) 来更新对应的 Q 值
6: 从 S_{t+1} 开始，以 ϵ 贪婪的方法来选择动作 A_{t+1}
7: 直至所有的 $Q(S, A)$ 收敛，在这里步长 α 一般需要随着迭代的进行逐渐变小，这样才能保证动作价值函数收敛

我们同样用一个简单的例子来演示一下 Q-Learning 算法的学习过程。Cliff Walking 是一个非常经典的问题，如图 2.5 所示，其也是属于将常见的网格世界进行改造得到的。具体地，Cliff Walking 是由 4×12 的网格组成，每一个格子表示一个可能到达的状态，其中 S 是起点，G 是目标点。下方的一些网格被设定为悬崖，一旦进入就结束游戏。我们所能做的同样是分别往上（U）下（D）左（L）右（R）四个方向移动一步，且每一步的奖赏都是 –1，到达悬崖的奖赏是 –100。显然，Cliff Walking 问题需要求解的是可以合理避开悬崖到达目标的行走策略。显然，Sarsa 算法同样可以用来求解这个问题，并且其可能会学习到如图 2.6 所示的行为序列，如果用 Q-Learning 算法则可能得到如图 2.7 所示的行为序列。可以看出，使用 Q-Learning 算法收敛到的是事实上的最优策略，而用 Sarsa 算法学习到的却是一个安全路径。为什么会出现这样

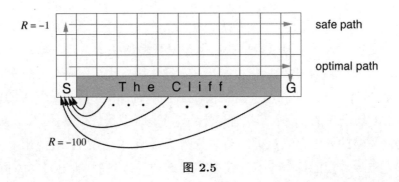

图 2.5

的差别呢?

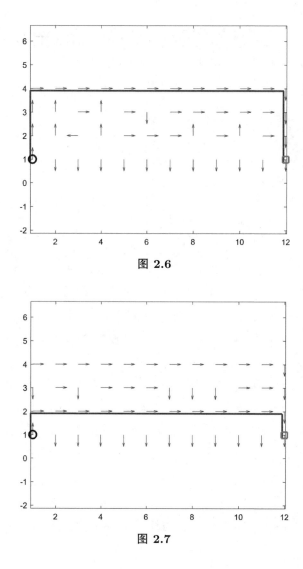

图 2.6

图 2.7

Q-Learning 算法与 Sarsa 算法最本质的差别是两者分别属于异策略和同策略。尽管在学习过程中为了保证对环境的探索,Q-Learning 算法使用的行为策略的更新往往也采用了 ϵ 贪婪的方法,但是其目标策略是完全基于 Q 值的贪婪策略,这就使得当收敛后,其不会再更新可能掉入悬崖的状态动作的 Q 值,这种机制使其可能得到最优策略。而 Sarsa 算法是同策略的算法,其目标策略与行为策略相同,比如一般使用 ϵ 贪婪方法,也导致智能体一直有一定概率会选中掉入悬崖的动作,并且会更新 Q 值，从而越靠近悬崖的 Q 值变得越小，最终 Sarsa 算法学习到的策略就变成走一条安全路径。

然而，如果比较两种算法学到的策略的在线表现，可能会发现，Q-Learning 算法所能获得的奖赏要比 Sarsa 算法更低，这是因为 Q-Learning 算法可能会执行掉入悬崖的动作从而出现非常大的负奖赏。因此，在有些环境中，可以采用逐渐减小随机探索比例的方法来使得两种算法都逐渐收敛到最优策略。

2.3　值函数估计和策略搜索

在前面所述的蒙特卡罗方法和时间差分方法中，乃至动态规划方法中，我们都默认值函数是一个索引表。我们可以用 s 状态去获取对应的 Q 值。但是如果状态空间的维数很大，乃至状态空间为连续空间，那么值函数无法用列表法的方式来表示。这时，需要使用一些值函数估计的方法。

2.3.1　值函数估计

值函数估计通常是指用一个函数来估计值函数，这个函数的输入就是状态 s，输出就是状态 s 对应的值。通常这个函数可以使用线性组合，神经网络以及其他方法。有了值函数，不仅可以解决列表法的问题，还同时可以估计出未知状态对应的 V 值。那么估计这个值函数也就是要找到该函数的一组参数 θ，使得

$$v(s) = f_\theta(s) \tag{2.20}$$

同样，对于 Q 值也有

$$Q(s,a) = f_\theta(s,a) \tag{2.21}$$

我们可以把 s，a 都看成一个向量，然后把基于蒙特卡罗方法或者时间差分方法估计出来的 Q 值和 V 值作为真实的值，从而得到有标记的学习样本 (s,a,v)，就可以基于监督学习的方法来学习值函数 f_θ 了。通

常可以使用梯度下降（Gradient Descent）的方法来训练得到 θ。具体的梯度下降方法不在这里赘述，后面讲述深度 Q 学习算法（DQN）的时候会更详细地说明。

2.3.2 策略搜索

基于价值函数的方法是先估计得到价值函数，然后直接依赖价值函数找到对应的最优策略。但是当实际的问题动作空间很大或者是连续的动作空间时，就很难根据价值函数得到下一步要做的动作。甚至更进一步，如果目标策略是一个随机策略，我们更加无法根据值函数来选取最优的动作。例如在石头剪刀布的例子中，最优策略应该是随机出任意一个动作，如果使用基于值函数的方法，可能就没办法收敛。因此，通常会使用基于策略的方法，直接搜索最优的策略。

策略搜索通常是用一个参数化的函数来表示策略 $\pi(s,a|\theta)$，然后寻找一个最优的参数 θ，使基于该策略的累计回报的期望最大。通常我们会使用策略梯度类方法（policy gradient method）求解这个最优的参数。首先，优化目标是最大化累计回报：

$$J(\theta) = \sum_s \rho_\pi(s) \sum_a \pi(s,a|\theta) Q_\pi(s,a) \tag{2.22}$$

其中 $\rho_\pi(s)$ 是策略 π 的状态密度函数，表示在策略 π 下出现状态 s 的期望。当我们使用策略梯度的方法来求解式 (2.22) 的时候，需要对 $J(\theta)$ 进行求导：

$$\nabla J(\theta) = \sum_s \rho_\pi(s) \sum_a \nabla \pi(s,a|\theta) Q_\pi(s,a) \tag{2.23}$$

可以看到，$J(\theta)$ 的梯度是和 $\rho_\pi(s)$ 无关的，具体的推导过程不再赘述。这时候利用公式 $\frac{\mathrm{d}\log f(x)}{\mathrm{d}x} = \frac{1}{f(x)}\frac{\mathrm{d}f(x)}{\mathrm{d}x}$，可以将式 (2.23) 写成以下的形式：

$$\nabla J(\theta) = \mathbb{E}_\pi(\nabla \log \pi(s,a|\theta) Q_\pi(s,a)) \tag{2.24}$$

这里还需要估计 $Q_\pi(s,a)$，可以用前述的蒙特卡罗或者时间差分的方法进行估计，然后便可以更新 θ 值：

$$\theta' = \theta + \alpha Q_\pi(s,a) \nabla \log \pi(s,a|\theta) \tag{2.25}$$

可以看到，策略梯度的方法仍然涉及价值函数的估计。而基于策略的和基于值函数的方法最大的区别其实在于：最后的策略是基于参数的，还是直接从值函数中得到的。如果用时间差分的方法来估计价值函数，就可以得到一类应用得很广泛的强化学习算法：演员和批评家算法（Actor-Critic）。在本书后面的章节中会详细讲述该类算法。

3

有模型的强化学习

前面我们介绍了无模型的强化学习，它不对未知的环境进行建模，而是直接在与环境的交互中学习策略。本章我们将介绍另一类方法：有模型的强化学习。它主要是先对模型进行具体的建模，也就是对转移概率进行建模，之后使用学习到的环境模型进行策略学习。在基于模型的方法中，可以通过使用事先建立好的预测模型来获知采取某个动作可能发生的结果，而不一定需要实际去执行。在无模型方法中，这个建模步骤则完全被忽略，采取的是直接学习控制策略的方法。尽管在实践中，这两种技术之间的界限可能变得模糊，但作为一种粗略的指导，它对于划分算法可能性的空间是有用的。

可以看出，在基于模型的方法中，当有了环境的模型后，可以用模型来生成人造的样本，而不需要在环境中真实探索，也就没有采样的损失。换言之，这类方法在数据收集非常昂贵的场景中非常实用，比如机器人的控制任务等。当然，如何从有限的样本中估计出环境的模型，尤其是面对很多连续状态和动作空间的任务时，会很有挑战性。

3.1 什么是模型

强化学习方法一般分为有模型和无模型两类，那么到底什么是模型呢？概括地说，模型是对智能体所处环境的一种描述和表示。前面我们提到，强化学习会用马尔可夫决策过程来建模，即有这样一个五元组

(S, A, P, R, γ)，其中的五个元素分别代表状态空间、动作空间、状态转移函数、奖赏函数以及折损系数。在无模型的方法中，我们都假设 P 和 R 未知，且并不尝试去学习 P 和 R，而是直接利用样本（experiences）学习策略。我们知道，P 表示的是在某个环境中在状态 s 下执行动作 a 时转移到状态 s' 的概率，而 R 则表示在转移过程中应该得到的奖赏值。可以看出，它们可以度量环境本身动态变化的性质，当可以对环境的动态变化 $P(s'|s,a)$ 和 $R(s'|s,a)$ 建模时，就可以认为我们有了环境的模型。

3.2 基本思路

前面提到有模型的强化学习是先学习环境模型，再基于此模型进行策略的学习。假设已经有了一个完美的环境模型，需要怎么做呢？这就涉及最优控制与规划方面的内容。

强化学习的目标是要最大化智能体在环境中获得的累计奖赏 J，而智能体在环境中经历的一条轨迹（trajectory）可以描述为

$$p_\theta(s_1, a_1, \cdots, s_T, a_T) = p(s_1) \prod_{t=1}^{T} \pi_\theta(a_t|s_t) p(s_{t+1}|s_t, a_t)$$

在有模型的强化学习中，我们先在环境中探索收集样本，之后利用一些监督学习的方法来学习环境的模型，比如我们收集了下面的一些样本，就可以利用如线性回归、神经网络的方法来对状态和奖赏值做拟合，构建当前环境模型，此过程可见图 3.1。

$$s_1, a_1 \to s_2, r_2$$
$$s_2, a_2 \to s_3, r_3$$
$$\cdots$$
$$s_{t-1}, a_{t-1} \to s_t, r_t$$

在整体上，一个最简单的有模型方法可以由如下几个步骤组成：

（1）用一个基础的策略（比如随机策略）探索环境，收集样本 $\mathcal{D} = \{(s, a, s')_i\}$；

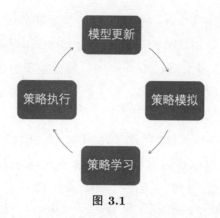

图 3.1

（2）从上面得到的样本中构建环境模型 $f(s,a)$ 来最小化 $\sum_i \|f(s_i, a_i) - s_i^2\|^2$；

（3）基于 $f(s,a)$，使用一些方法来选择相应的动作。

这样的过程在某些场景中能够发挥作用，比如一些经典的机器人控制任务。第（1）步所使用的基础策略非常重要，因为它决定了环境探索的空间有多大。在很多任务中，探索环境的策略所获得的样本与真实环境中的样本分布不匹配的问题往往非常严重，因此需要让模型多次学习。

一个简单的想法是通过执行模型来收集新的数据，再利用这些数据更新模型。也就是说，在上述第（3）步后，增加第（4）步，即收集执行这些动作后得到的样本，加入 $\mathcal{D}$ 中，并反复执行第（2）到第（4）步。经过这样的过程，显然可以收集更多的样本，能够对环境有更好的拟合。

总体而言，在有模型的强化学习中，我们有对环境的动态转移关系的模型，就可以用此来推导此时做各种动作的奖赏情况，从而得到最佳的动作，也就是说可以对策略进行优化，并最终收敛到最好的策略。

3.3 有模型方法和无模型方法的区别

在前面探讨无模型的强化学习的过程中，我们采取了两种形式，第一种是对值函数进行学习，即期望通过找到能最大化值函数

$Q(s, a) = \mathbb{E}(R|S = s, A = a)$ 的动作 a 来学习策略；第二种则是期望直接优化累积奖赏 $J(\theta) = \int_s d^{\pi_\theta}(s) \int_A \pi_\theta(a|s) Q^{\pi_\theta}(s, a) ds da$ 来学习策略 π。无论是哪种方式，都没有尝试对环境进行建模，没有学习 $P(s'|s, a)$，而是在当前真实的环境中探索，得到真实的（状态，动作，奖赏值）样本，再来训练对应的方法。

与之相反，有模型方法则是在与环境进行一定数量的交互后，将收集到的样本用来构建环境的模型，然后基于此模型来模拟更多的交互，无成本地得到足够多的样本。因此，如果我们得到了环境的模型，则这种方法就不需要在真实的环境中交互，等到环境运行到某些状态时，就可以直接在构建的模型中获取这些样本，加快训练速度，降低获取样本的成本。当然，如果构建的环境模型并不准确，则会产生学习结果与真实世界差异较大甚至完全不同的风险。概括来说，有模型方法主要有如图 3.2 所示的几个过程。

图 3.2

无模型方法一直以来都有足够多的关注，比如大家熟悉的 DQN 算法、TRPO 算法等，都是这类方法。无模型方法必须在环境中大量探索采样、试错学习，这使得其在真实世界中遇到很多没有"模拟器"、采样有成本的问题时就很难发挥作用。比如机器人的控制训练，如果完全采用无模型的强化学习方法来训练，需要的样本数量会让大量的机器人损毁，成本巨大。相比之下，有模型方法由于其对环境的动力学特性进行建模，样本有效性更高，在样本很少的情况下学习效果更好，但是如何能够学到足够准确的模型是需要面对的难题。此外，当前的有模型方法的渐近表现，即收敛之后的性能不如无模型方法好，表 3.1 中对比了两类方法的优缺点。

表 3.1　有/无模型方法的优缺点对比

强化学习方法	优点	缺点
有模型方法	交互更少；样本有效性更高	依赖于转移模型的建立；转移模型的准确度影响很大
无模型方法	无须环境的先验知识；容易实现	样本利用率低；收敛速度慢

3.4　典型算法

在机器学习的应用中，一个可能采取的方案是人工增加训练集的大小，Dyna 算法就属于这类。Dyna 算法采取的是将预测模型类比地看成生成合成数据的学习方法，在下面两步之间迭代：首先是用当前的策略从与环境的交互中收集数据，用数据来训练转移概率模型；然后利用学习到的模型生成虚拟数据，并以此改进策略。可以看出，这类方法可以利用无模型方法在很多虚拟的数据上学习，而不是每次都需要在真实环境中交互。

基于模型的深度强化学习方法相对而言不那么简单直观，强化学习与深度学习的结合方式相对更复杂，设计难度更高。目前基于模型的深度强化学习方法通常用高斯过程、贝叶斯网络或概率神经网络（PNN）来构建模型，典型的如 David Silver 在 2016 年提出的 Predictron 模型。而 Guided Policy Search（GPS）虽然在最优控制器的优化中使用了神经网络，但模型并不依赖神经网络[37]。

为了能够对环境模型进行更好的拟合，ME-TRPO（Model-Ensemble Trust-Region Policy Optimization）采取的做法是在转移概率模型部分使用集成学习方法，利用多个神经网络来进行学习；而在策略改善部分，则利用 TRPO 算法来更新策略[34]。SLBO（Stochastic Lower Bound Optimization）方法则是将 ME-TRPO 中使用的单步的 L2 loss 改成了两步的 L2 loss，使得学习过程有了理论的保证[41]。MB-MPO（Model-Based Meta-Policy-Optimzation）则是在 ME-TRPO 算法的基础上引入了元学习（Meta-Learning）算法的概念，将集成的每一个模型都当成一个任务来处理，可以更快地适应其他的环境，更加鲁棒[74]。

PILCO（Probabilistic Inference for Learning Control）方法，则是利用高斯过程来对环境进行建模，基于收集到的数据对 $f(s, a)$ 进行拟合[17]。在策略学习上，PILCO 的算法流程如 Algorithm 4 所示，同样采用策略梯度的方法来优化 π_θ。此外，还需要利用状态转移的概率模型和策略 π，预测在策略 π 下后续的状态分布，以此来评估策略。

Algorithm 4　PILCO 算法

初始化策略 π

loop

　　执行策略 π

　　得到 (s_t, a_t, r_t)，收集样本

　　利用样本训练，学习转移概率模型 $f(s_t, a_t)$

　　loop

　　　　使用 π 在建立的模型中进行模拟

　　　　计算损失函数

　　　　利用 loss 更新策略

　　end loop

end loop

但是，基于模型的方法还存在若干自身缺陷。首先，很多问题无法建模或者很难建模，这就使得这类方法完全无用。比如很多自然语言处理领域中的任务，有着大量不能被归纳成模型的任务。此时一般会先在环境交互中计算出初步模型，再为后续使用。但是这样的方式会面临复杂度高、很难使用的问题。目前有一些工作尝试利用预测学习来建立模型，一定程度上降低了建模的复杂度。其次，建模本身会带来误差，而且误差往往随着算法与环境的迭代交互越来越大，使得算法难以保证收敛到最优解。如果模型本身误差很大，显然后面基于模型所做的优化也难以有好的结果。最后，不同场景的属性有很大的不同，甚至物理特性就完全不同。比如一个搜索场景下的模型肯定与自然语言处理任务下的模型不同，也就是说模型不具有通用型，当场景变化时，需要重新建模。因为一系列的难点，目前深度强化学习领域内发展较好的仍然是无模型方法，后面也将重点介绍这部分的一些算法。

第二部分

常用算法篇

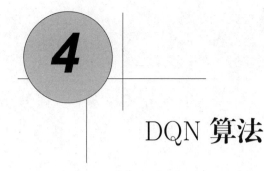

DQN 算法

深度 Q 网络（Deep Q-Network，DQN）作为深度强化学习的代表算法之一，对于强化学习在复杂任务上的应用有里程碑式的意义。它由 DeepMind 2013 年发表于机器学习的顶级会议"神经信息处理系统大会"（Conference on Neural Information Processing Systems，NeurIPS）上，第一次将深度学习与强化学习有机结合，使得计算机能够在 Atari 2600 型的游戏机上，通过端到端的训练就达到可与人媲美的水平。2015 年，经过改进和完善后，DQN 登上了富有盛名的科学杂志《自然》（*Nature*）的封面，这一次，它在 49 种不同的 Atari 游戏中都有不俗的表现，并且其中一半能够超过人类的顶尖水平。这使得 DQN 成为当时通用人工智能的一个标志性研究工作[44, 46, 69, 55, 75]。

虽然距离第一个 DQN 的提出已经有 7 年了，在此期间有很多性能更好的深度强化学习算法被提出，但 DQN 由于自身的一些特点，生命力依然旺盛，不仅衍生出了诸多变种和改进版本，而且大量应用在实践中。

本章将详细介绍 DQN 的算法细节、DQN 的改进算法和 DQN 的应用。

4.1 算法介绍

本节我们从 DQN 诞生的背景出发，逐步剖析 DQN 算法所使用的一些算法和工程上的改进，并分析其改进原因和取得的效果，以更深刻地理解 DQN 算法在复杂任务上取得成功的关键因素。

4.1.1 背景

说到 DQN 我们就不得不回顾一下在前面章节中提到的 Q-Learning 算法。这个算法的核心思想就是利用 TD-error，即 Q 的真实值和估计值的差：

$$r + \gamma \max_{a'} Q(s', a') - Q(s, a) \tag{4.1}$$

来更新对于状态、动作对的估计。

Q-Learning 算法虽然有很好的理论性质，但是 Q 函数的表达却一直是一个大难题。在经典的问题里，都是将 Q 设计成表格的形式，一个状态就是一个格子，这样的表达简单直接，但在诸多连续状态的实际应用问题上却难以使用。

在之前的研究中，已经有学者提出可以使用函数来近似连续空间，即对于 Q 函数，可以将它表示为

$$Q(s, a) = [F(\theta)](s; a)$$

其中 $F(\theta)$ 表示参数为 θ 的函数，只要能够求解 θ 就能有效表达连续状态空间的近似值函数。线性函数由于易于训练和良好的理论性质，经常被用在强化学习中，即 $Q(s, a) = \theta^T(s; a)$。对于复杂的问题，线性函数近似的表达能力并不够用。因此有学者认为可以使用神经网络这种强大的非线性模型代替线性函数。但是由于神经网络非常难以训练，并且由于强化学习中的数据具有很强的前后关联性，不符合监督学习中独立同分布的假设，神经网络拟合的效果往往不尽如人意。而且，为了能够顺利使用这些模型，通常需要用人工领域的专业知识去设计复杂的特征，代价非常高，因此这样的算法并没有太好的实用价值。

近年来，随着计算能力的大幅提升，深度学习技术的突飞猛进，神经网络模型在图像任务上不再需要人工提取特征，通过端到端的训练即可直接从原始的图像输入获得非常精确的图像识别能力。这

使得神经网络成为一种出色的机器感知器，也为强化学习带来了新的活力。

尽管深度学习技术使得神经网络的训练不再那么困难，但是直接将深度学习应用到强化学习中仍然面临着很多困难。

首先，深度学习需要成千上万的有标记样本，而在强化学习中，虽然可以通过环境不断获取样本，但样本的标记只是一些稀疏的、有噪声的、带有延迟的奖赏反馈，这些反馈的延迟有时候甚至会高达几千个时间戳。其次，深度学习是有监督学习，它是建立在样本独立同分布的假设之下的。强化学习是一个序列决策过程，状态之间存在很强的关联性，这一点就违反了监督学习中独立同分布的假设，难以保证监督学习方法的有效性。第三，监督学习通常会假设数据的分布是静态的，但是在强化学习中，当算法学到了新的行为之后，数据的分布会随之改变，这也与监督学习的假设相违背。因此，虽然深度学习成果丰硕，但是在 DQN 之前，将其应用在强化学习任务中并没有特别好的方法。那么 DQN 是如何克服这些困难的呢？下面我们将一一解读。

4.1.2　核心技术

DQN 算法的主体是 Q-Learning 算法，引入深度神经网络之后，算法主要的目标就在于训练以拟合 Q 函数为目标的神经网络，损失函数就是预测与真实值之间的均方差。

$$L(\theta) = (y - Q(s, a; \theta))^2 \qquad (4.2)$$

此处的 y 对于终止状态就等于反馈 r，而对于非终止状态，根据 Q-Learning 算法的设计，则是一个包含自举（bootstrap）的值，即

$$r + \gamma \max_{a'} Q(s', a'; \theta) \qquad (4.3)$$

训练这个神经网络是整个 DQN 算法的核心贡献，它能够成功地结合深度学习与强化学习的核心就在于克服监督学习的假设和强化学习场景的冲突，主要体现在以下两个关键技术点：

（1） 回放内存；

（2） 固定目标网络。

1. 回放内存

强化学习的每一步都会保留智能体所产生的经验 $e_t = (s_t, a_t, r_t, s_{t+1})$，这些经验所组成的集合 $\mathbb{D} = e_1, e_2, \cdots, e_N$ 就是回放内存。在我们对 Q 函数进行训练的时候，会从这个集合里随机地采样。

$$L(\theta) = E_{s,a,r,s' \ D}[(y - Q(s,a;\theta))^2] \tag{4.4}$$

这虽然只是一个简单的改动，却能带来很多好处。第一，随机采样打断了连续样本之间的关联，降低了权值更新时的方差；第二，每一步的样本都有可能在若干次的更新中被用到，提高了样本利用率；第三，使用经验回放，实际上就是在学习一种离策略，通过大量的历史样本，行为的分布在统计上更为平滑，使得学习到的策略不容易产生震荡。

2. 固定目标网络

固定目标网络是在 Q 函数更新时，使用一个独立的网络来生成目标 y，从而增加神经网络训练的稳定性。具体而言，每 C 次更新，就拷贝一份当前的神经网络 Q，得到一个新的网络 $\hat{Q}$（称为目标网络）。在后续的训练中，使用目标网络的预测来产生目标 y，即：

$$r + \gamma \max_{a'} \hat{Q}(s', a'; \theta) \tag{4.5}$$

这个改进使得算法比标准的 Q-Learning 算法更稳定。通常而言，$Q(s_t, a_t)$ 值的增加往往也会增加 $Q(s_{t+1}, a)$ 的值，使得目标 y 的值变大，导致策略震荡。如果使用一组老的参数来生成目标，就可以在 Q 值更新与更新对 y 值产生的影响之间增加延迟，减少策略震荡的发生。

接下来我们再整体看一遍 DQN 的算法流程，如 Algorithm 5 所示。

Algorithm 5　带有经验回放的深度 Q-Learning 算法

Require:

$\mathcal{D}$：初始化回放内存 $\mathcal{D}$，N：回放内存的最大容量

θ：初始的网络参数，θ^-：θ 的一份副本

C：目标网络更新频率

1: **for** 回合 $e \in 1, 2, 3, \cdots, M$ **do**

2:　　**for** $t \in 0, 1, \cdots, T$ **do**

3:　　　　以 ϵ 的概率随机选择一个动作 a_t

4:　　　　否则选择动作 $a_t = \arg\max_a Q(s_t, a; \theta)$

5:　　　　在环境中执行动作 a_t，并且获得反馈 r_{t+1} 和状态 s_{t+1}

6:　　　　将经验数据元组 (s, a, r, s') 加入回放内存 $\mathcal{D}$ 中

7:　　　　从 $\mathcal{D}$ 中随机采样一批经验数据 (s_j, a_j, r_j, s_{j+1})

8:

$$y_j = \begin{cases} r_j, & \text{if } s_{j+1} \text{ is terminal} \\ r_j + \gamma \max_{a'} \hat{Q}(s_{j+1}, a'; \theta^-), & \text{otherwise.} \end{cases}$$

9:　　　　用如下损失函数进行梯度下降过程：$\|y_j - Q(s_j, a_j; \theta)\|^2$

10:　　　每间隔 C 步更新：$\theta^- \leftarrow \theta$

11:　　**end for**

12: **end for**

4.1.3　算法流程

首先，我们会初始化一个容量为 N 的回放内存 $\mathcal{D}$，然后用随机的权值 θ 初始化 Q 值函数，与此同时，目标网络也用同样的权值进行初始化，即 $\theta^- = \theta$。假设进行 M 轮的训练，在每一轮中，会有 T 步决策过程。每一步参照 Q-Learning 的做法，使用 ϵ 贪婪策略，以 ϵ 的概率随机选择一个动作 a_t，而以 $1 - \epsilon$ 的概率选择当前值函数的值最大的动作，即 $a_t = \arg\max_a Q(s_t, a; \theta)$。在环境中执行该动作之后，获得反馈 r_t 和新的状态 s_{t+1}。然后将这一组经验 (s_t, a_t, r_t, s_{t+1}) 存放在之前已初始化的回放内存 $\mathcal{D}$ 中，通过从 $\mathcal{D}$ 中随机采样，得到一批样本 (s_j, a_j, r_j, s_{j+1})。如果采样出来的 s_{j+1} 是结束状态，那么目标 y_j 即为 r_j；如果 s_{j+1} 不是结束状态，那么 y_j 就设为 $r_j + \gamma \max_{a'} \hat{Q}(s_{j+1}, a'; \theta^-)$。注意这里的 Q 是用目标网络来预测的。接下来只需要对这个损失

函数 $(y_j - Q(s_j, a_j; \theta))^2$ 进行经典的梯度下降，来更新网络的权值 θ 就可以了。最后，间隔 C 步之后，将目标网络的权值同步成当前的网络权值。

DeepMind 在论文中对于这些技术的作用做了实验分析。从表 4.1 中我们可以看到，在 Atari 游戏机上的这几个游戏中，使用回放内存和固定目标网络非常显著地提升了整体性能，而其中回放内存起到了非常重要的作用。

表 4.1　回放内存和固定目标网络的作用

游戏	均有	有回放无目标网络	无回放有目标网络	均无
Breakout	316.8	240.7	10.2	3.2
Enduro	1006.3	831.4	141.9	29.1
River Raid	7446.6	4102.8	2867.7	1453.0
Seaquest	2894.4	822.6	1003.0	275.8
Space Invaders	1088.9	826.3	373.2	302.0

4.2　相关改进

虽然 DQN 在 Atari 游戏上取得了非常不错的成绩，但在实际应用中，DQN 仍然暴露出很多缺点。针对这些缺点，研究者又进行了诸多改进，这里简单介绍其中比较重要的几项工作。

4.2.1　Double Q-Learning

我们回顾一下 DQN 中的学习目标：

$$Y_t^{\text{DQN}} = R_{t+1} + \gamma \max_a Q(S_{t+1}, a; \theta_t^-) \tag{4.6}$$

注意到要拟合的目标中，选择动作 a 时使用的最大化操作会导致一种过于乐观的估计，也就是估计的值函数的值比真实的值函数的值偏大，这就是过估计问题。因为通常目标网络不是特别准确，这样的过估计会进一步暴露误差，导致模型向局部最优解方向优化。

这里的关键因素是一个行动的选择和评估是耦合在一起的，要避免最大化操作导致的过于乐观估计的问题，应该将动作的选择和评估解耦。假设 θ 的噪声与 θ^- 的噪声不同，Double DQN 的解决思路是再引入一个网络分别做选择和评估。动作的选择，依然使用在线更新的权重 θ_t，但是用另外一组权重 θ'_t 来评估此策略的好坏。因此 Double DQN 的目标就可以写为

$$Y_t^{\text{Double DQN}} = R_{t+1} + \gamma Q(S_{t+1}, \underset{a}{\arg\max}\, Q(S_{t+1}, a; \theta_t); \theta'_t) \tag{4.7}$$

由于 DQN 天然就有两个网络，因此不必再引入新的网络。我们就将 DQN 中的目标网络 θ_t^- 作为此处 θ'_t 的即可。

4.2.2　优先级回放

前文提到，使用回放内存的机制可以降低用于训练神经网络的样本的相关性，从而使网络的学习更符合传统监督学习的假设。但是从回放内存中采样也会有一些问题，比如在奖赏非常稀疏的时候，我们采到有效样本的概率也会降低，这样学习的速度就非常慢。既然有一个样本池供采样，那么就可以考虑改变采样策略，更多地采到真正需要的样本。什么样的样本是我们需要的呢？这个工作指出了一种可能性，就是以 TD-error 作为优先级标准进行采样。TD-error 越大，表示预测的精度需要提高的就越多，那么这个样本就是不够好的样本，应该再去学习。

4.2.3　Dueling Networks

如图 4.1 所示，可以看到在原始的 DQN 中，网络直接输出每个动作的 Q 值，而在 Dueling Network 中，将 Q 值分解为价值函数 $V(s)$ 和动作的优势函数 $A(a)$ 之和。$V(s)$ 表示当前状态本身具有的价值，而 $A(a)$ 表示选择某个动作额外带来的价值。

这样做的好处是可以学习在没有动作的影响下状态本身的价值，而动作优势函数则更关心不同动作带来的影响的差异。但这里的问题是：一个 Q 值并不能对应唯一的 V 值和 A 值。通过将动作优势设

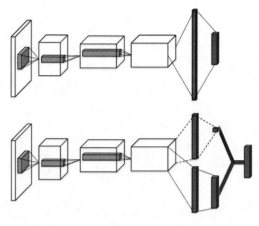

图 4.1

置为单独的动作优势函数减去该状态下所有动作优势函数的最大值，即

$$Q(s, a; \theta, \alpha, \beta) = V(s; \theta, \beta) + (A(s, a; \theta, \alpha) - \max_{a' \in |A|} A(s, a'; \theta, \alpha)) \quad (4.8)$$

可以得到

$$a* = \underset{a' \in A}{\arg\max}\, Q(s, a; \theta, \alpha, \beta) = \underset{a' \in A}{\arg\max}\, A(s, a; \theta, \alpha) \quad (4.9)$$

那么

$$Q(s, a^*; \theta, \alpha, \beta) = V(s; \theta, \beta) \quad (4.10)$$

即最优动作由动作优势函数决定，Q 函数由状态价值函数决定。基于上述过程来玩 Atari 中的赛车游戏，会有如图 4.2 所示的表现。状态价值函数会关注分数以及地平线上是否有车辆出现，不受动作选择的影响而体现出状态本身的价值，通过优势函数进行最优动作的选择也会变得更加清晰。

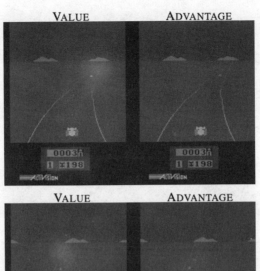

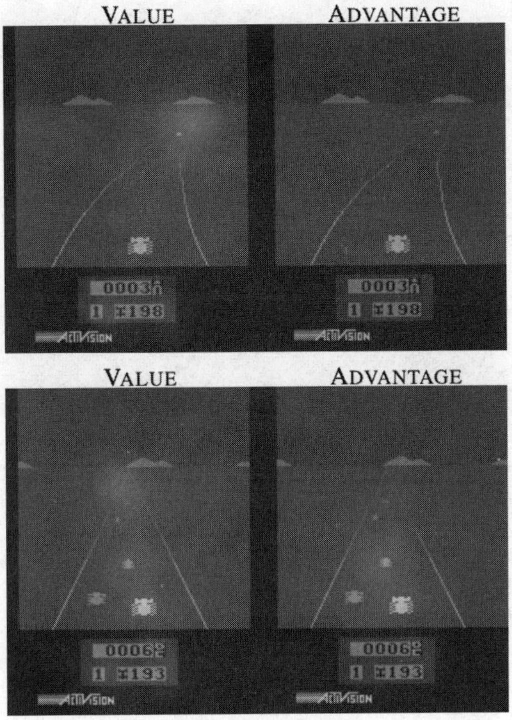

图 4.2

4.3 实验效果与小结

DQN 算法从一开始提出，到逐渐改进，经历了好多版本，有些改进没有在本书中提及。这里我们列出某些改进版本的实验结果，供读者了解大致情况。

图 4.3 中展示了 DQN 玩 Atari 游戏的结果，从中看出，在没有对各个游戏特殊调参的情形下，它已经能在大部分游戏上超过人类水平，并且在某些游戏上已经达到了非常高的水平，比当时的其他 AI 的效果好得多。至此之后的一系列改进，大幅提升了 DQN 算法的效果和训练速度。

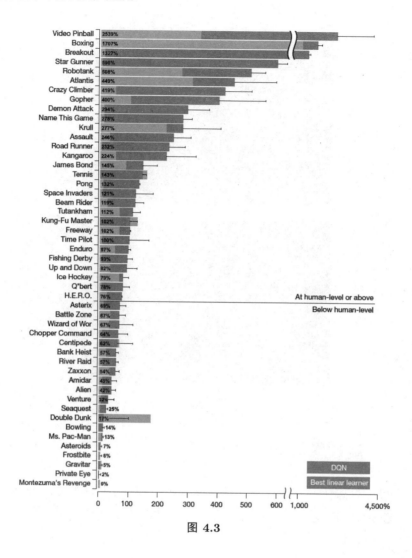

图 4.3

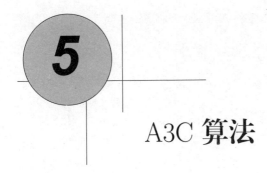

A3C 算法

DeepMind 于 2016 年提出了 A3C 算法, 全称为 Asynchronous Advantage Actor-Critic [43], 在传统的 Actor-Critic 的框架下引入了异步的方法, 可以更有效地利用计算资源, 提高训练效率, 也提升了算法的最终收敛效果。A3C 在很多 Atari 游戏和 MuJoCo 仿真环境的测试中, 其效果都超过了 DQN 算法[46, 69]。

5.1 Actor-Critic 方法

无模型的强化学习方法可以大致分为基于值函数的方法和基于策略的方法[68, 33]。其中, 前者主要通过评估当前状态动作对, 衡量各个动作的好坏, 学习最优策略。可以看出, 这类方法的核心在于评价各个动作所能带来的回报, 也被称为 Critic (评价) 方法, 比如 Q-Learning 算法。如果一个算法中只使用了 Critic 方法, 则被称为 Critic Only 的方法。

基于策略的方法则是通过直接优化累积奖赏, 从而得到最优策略。基本的步骤是: 首先根据当前策略进行采样, 得到众多的轨迹, 然后根据采样计算得知当前策略的累积奖赏, 最后据此来更新模型的参数, 即更新策略。具体而言, 对于一个多步的 MDP 而言, 其累积奖赏可表示为

$$J(\theta) = \int_s \mathrm{d}^{\pi_\theta}(s) \int_A \pi_\theta(a|s) Q^{\pi_\theta}(s, a) \mathrm{d}s \mathrm{d}a \tag{5.1}$$

可以采取基于梯度的或是无梯度的方法来优化上述目标, 其中策略梯度

通过根据当前策略相对于期望累计奖赏的梯度来更新参数，从而逼近更优的策略，即可用下式得到梯度：

$$\nabla_\theta J(\theta) = E[\nabla_\theta \log \pi_\theta(a|s) Q^{\pi_\theta}(s,a)] \tag{5.2}$$

这个公式也被称为策略梯度公式（Policy Gradient Theorem），由 Sutton 等人在 NIPS'00 上提出。然后，可以利用诸如 $\theta = \theta + \eta\nabla_\theta$ 的方式来更新参数，即更新策略。

这种最基本的策略梯度的方法在计算累积奖赏时，需要跑完全局，得到真实的奖赏，才能进行计算（也就是蒙特卡罗的更新方式），显然降低了效率，且使得策略梯度的方差很大。幸运的是，前面提到的 Critic 方法恰好能够对每个状态动作对的表现进行评估，以给出一个奖赏的估计值，若用 w 来表示 Critic 的参数，则可得到下式：

$$Q_{\boldsymbol{w}}(s,a) = \boldsymbol{w}^{\mathrm{T}}\phi(s,a) \approx Q^\pi(s,a)$$

因此，如果在策略搜索的方法中引入值函数估计的话，可以对每一步进行评估，实现单步更新，有效降低方差，即累计奖赏可表示为

$$J(\theta) = \int_s \mathrm{d}^{\pi_\theta}(s) \int_A \pi_\theta(a|s) Q_{\boldsymbol{w}}(s,a)\mathrm{d}s\mathrm{d}a \tag{5.3}$$

其梯度可用下式计算得到：

$$\nabla_\theta J(\theta) = E[\nabla_\theta \log \pi_\theta(a|s) Q_{\boldsymbol{w}}(s,a)] \tag{5.4}$$

其中，w 能够使 $E[(Q^{\pi_\theta}(s,a) - Q_{\boldsymbol{w}}(s,a))^2]$ 取最小。

也就是说，在这种方式下，我们需要同时对策略（Actor）和 Q 值函数（Critic）进行学习，这就是 Actor-Critic 框架，通常可用图 5.1 表示。

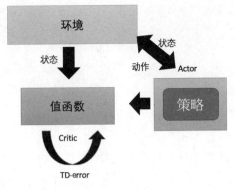

图 5.1

5.2　基线减法与优势函数

Actor-Critic 方法已经能够处理很多问题，包括很多连续状态和动作空间的问题，但是我们还可以通过基线减法（Baseline subtraction）的方法来进一步减小梯度估计的方差。基线减法的核心思想是：无偏估计量 σ 减去一个均值为 0 的随机变量 m 与一个常量 η 的积，其仍然是无偏的：

$$\sigma' = \sigma - \eta m$$

其中，可以选择合适的常量 η 来使 σ' 的方差最小，可以看出，通过基线减法的处理，可以获得比原始的 σ 方差更小，也就是更稳定的估计。

出于以上考虑，我们在梯度估计中减去一个基线项 $b(s)$，即

$$\nabla_\theta = E[\nabla_\theta \log \pi_\theta(a|s) Q^{\pi_\theta}(s,a) - b(s)] \tag{5.5}$$

显然，当选择的 $b(s)$ 与动作无关，即满足以下要求时，式 (5.5) 仍然是关于策略梯度的无偏估计，但是可以起到减小方差的作用。

$$\int_s d_\theta^\pi(s) \nabla_\theta \int_A \pi_\theta(a|s) \pi_\theta(a|s) b(s) ds da = 0 \tag{5.6}$$

为了找到合适的基线项 $b(s)$，我们可以求解式 (5.6) 何时能得到最小的方差。

由状态值函数 $V(s)$ 的定义可知，$V(s)$ 天然与动作无关，满足 $b(s)$ 的条件，则可以用 $V(s)$ 作为基线项，起到降低方差的作用，即策略梯度的形式为

$$\nabla_\theta = E[\nabla_\theta \log \pi_\theta(a|s)Q^\pi(s,a) - V^\pi(s,a)] \tag{5.7}$$

根据 Q 值函数和 V 值函数的定义，$Q(s,a)$ 可以对状态动作对 (s,a) 的好坏进行评估，而 $V(s,a)$ 是对状态 s 的好坏进行评估，显然两者之差可以表示在当前状态 s 下，动作 a 相对于所有动作的优势程度，因此这两者之差也被称为优势函数（Advantage Function），记为 $A(s,a)$，则有下式：

$$A^\pi(s,a) = Q^\pi(s,a) - V^\pi(s,a) \tag{5.8}$$

此时策略梯度可表示为如下形式：

$$\nabla_\theta = E[\nabla_\theta \log \pi_\theta(a|s)A^\pi(s,a)] \tag{5.9}$$

显然，在引入了优势函数的 Actor-Critic 中，我们需要同时学习策略、Q 值函数和 V 值函数。

5.3 博采众长的 A3C 算法

我们已经了解了 Actor-Critic 框架和利用优势函数的内容，现在我们来了解下 A3C 算法中的最后一个 A，也就是 Asynchronous（异步）的内容。为了提升强化学习算法训练的速度，DeepMind 提出了一种通用的异步训练的框架。它主要是将强化学习的训练过程放到多个线程中并行，也就是有多个 Worker 同时与环境交互，比如每一个线程中都可以有一个 Actor-Critic，提高样本获取速度，减少训练时间，并且每一个 Actor-Critic 还能采取不同的探索策略，以加大样本的多样性，减小样本之间的相关性，这也可以提升训练效果。也就是说，我们需要有线程各异的 Actor-Critic 网络，分别进行训练和更新，还需要一个全局网络来同步训练的参数，该过程如图 5.2 所示。

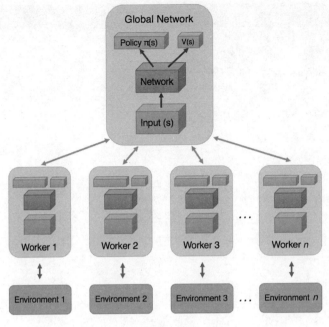

图 5.2

　　值得注意的是，这种异步执行的框架并不与具体的算法绑定，所以可以将这种思路运用到 DQN 等算法中。当将异步执行的方法和 Actor-Critic 与优势函数结合时，也就是在 Actor-Critic 中引入优势函数来减小方差，且在多个线程中并行运行 Actor-Critic 时，则可得到 Asynchronous Advantage Actor Critic （A3C），其中每一个线程中的算法流程如 Algorithm 6 所示，它们都与环境交互、进行训练，再全局共享参数。

　　DeepMind 将 A3C 算法应用于很多 Atari 游戏，以及 MuJoCo 等仿真环境中，实验结果表明，与之前的 DQN 相比，A3C 能够显著提升训练速度，改善模型收敛的效果，增加鲁棒性。

Algorithm 6 A3C 中的一个线程

// 设定全局共享参数向量 $\boldsymbol{\theta}$, $\boldsymbol{w}$, 全局计数 $T = 0$

//设定此线程的参数向量 $\boldsymbol{\theta}'$, $\boldsymbol{w}'$

初始化线程计数 $t \leftarrow 1$

repeat

　重置梯度: $\mathrm{d}\boldsymbol{\theta} \leftarrow 0$ and $\mathrm{d}\boldsymbol{w} \leftarrow 0$

　同步线程参数: $Q' \leftarrow \boldsymbol{\theta}$, $\boldsymbol{w}' \leftarrow \boldsymbol{w}$

　$t_{\mathrm{start}} = t$

　获取状态 s_t

　repeat

　　根据当前的策略 $\pi(a_t|s_t;\boldsymbol{\theta}')$ 执行动作 a_t

　　转移到下一状态 s_{t+1}, 得到奖赏 r_t

　　$t \leftarrow t+1$

　　$T \leftarrow T+1$

　until 到达结束状态 s_t 或者到达最大时间 $t - t_{\mathrm{start}} = t_{\max}$

　如果 s_t 是结束状态, $R = 0$, 否则 $R = V(s_t, w')$

　for $i \in t-1,\cdots,t_{\mathrm{start}}$ **do**

　　$R \leftarrow r_i + \gamma R$

　　$\mathrm{d}\boldsymbol{\theta} \leftarrow \mathrm{d}\boldsymbol{\theta} + \nabla_{\boldsymbol{\theta}'} \log \pi(a_i|s_i;]\boldsymbol{\theta}')(R - V(s_i;\boldsymbol{w}'))$

　　$\mathrm{d}\boldsymbol{w} \leftarrow \mathrm{d}\boldsymbol{w} + \partial(R - V(s_i;\boldsymbol{w}'))^2/\partial\boldsymbol{w}'$

　　分别使用 $\mathrm{d}\boldsymbol{\theta}$, $\mathrm{d}\boldsymbol{w}$ 来更新 $\boldsymbol{\theta}$, $\boldsymbol{w}$

　end for

until $T > T_{\max}$

5.4　实验效果与小结

　　那么 A3C 这样一种异步执行的框架和算法的实际效果究竟如何呢, DeepMind 团队的研究员们做了丰富的实验来观察。其中最常用的是在 Atari 2600 游戏上进行实验观察, 也是 DQN 算法一开始所使用的测试环境。他们首先基于 Atari 2600 测试 DQN 算法和异步执行算法的效果, 其中, DQN 在一块 Nvidia K40 GPU 卡上进行训练, 异步算法则使用 16 个 CPU 核进行训练, 图 5.3 中展示了实验结果。从结果中可以看出, 异步执行的算法全部成功学会了玩这些 Atari 游戏, 并且很多时候比 DQN 算法训练得更快。其中, A3C 算法的效果更佳, 不仅能够达到更好的学习效果，并且训练速度也更快。

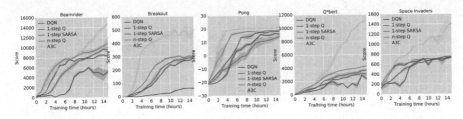

图 5.3

　　当然，Atari 2600 上的游戏都处于离散空间，智能体只需要做出诸如上下左右跳跃等决策，而在很多更复杂的环境中，动作空间往往很大甚至是连续空间，那么 A3C 的效果又如何呢？测试连续动作空间下的表现的常用测试环境是 MuJoCo 中的仿真机器人控制，目标是需要控制机器人各个部分、关节的移动，让机器人走得更快更好，比如让图 5.4 中的蚂蚁能够很好地运动起来。

图 5.4

　　经过训练，分别观察 A3C 与 Q-Learning 在同样环境下的表现，A3C 所取得的分数明显更好，即学习效果更好。

　　从图 5.5 可以看出，A3C 利用异步执行的方法扩大算力，提升训练效率，取得了不错的学习效果，在离散动作空间和连续动作空间下均可适用。

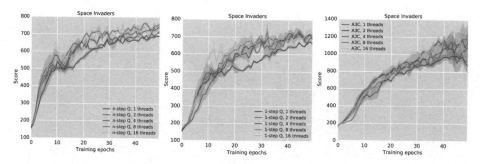

图 5.5

6

确定性策略梯度方法

DQN 算法在 Atari 2600 游戏上达到甚至超过人类玩家的水平，引起广泛关注[45]。然而，这种基于值函数的方式，无法在诸如仿真机器人控制这种动作数较多甚至是动作连续的环境中学习。本章所要阐述的确定性策略梯度算法（DPG）、深度确定性策略梯度（DDPG）、以及分布式版本（D4PG）是将 DQN 算法的思想引入连续动作空间提出的基于 Actor-Critic 和确定性策略梯度的方法 [45]。

6.1 随机性策略梯度与确定性策略梯度

前面提到，强化学习中两类主要的方法，一是基于值函数的方法，二是基于策略的方法。基于策略的方法中，通常都认为策略动作满足某个分布，对于连续的动作空间，经常会用高斯分布来表示：

$$\pi_\theta(a|s) = \frac{1}{2\pi\rho} \exp\left(-\frac{(a-f_\theta(s))^2}{2\rho^2}\right) \tag{6.1}$$

当利用该策略进行采样时，在状态 s 处，采取的动作服从均值为 $f_\theta(s)$，方差为 ρ^2 的正态分布。这也意味着采用随机策略时，即使在相同的状态，每次所采取的动作也很可能不一样。在前面的章节中也曾提到，在将策略参数化后，可以用策略梯度来更新参数，以更新策略，以往常用的都是随机策略，它对应的就称为随机性策略梯度，

$$J(\theta) = \int_s d^{\pi_\theta}(s) \int_A \pi_\theta(a|s) Q^{\pi_\theta}(s,a) ds da$$
$$= \mathbb{E}_{s\sim\rho^\pi, a\sim\pi_\theta}[\nabla_\theta \log \pi_\theta(a|s) Q^{\pi_\theta}(s,a)] \tag{6.2}$$

可以看出，通过策略梯度学习到随机策略之后，在做决策时，是需要对策略分布进行采样的，以获得最终输出的动作。如果动作空间很大，在高维动作空间频繁采样是一个很费时费力的事情。同时，从梯度计算公式中也能看出，实际上在计算策略梯度时，需要在整个动作空间进行积分，一般用蒙特卡罗采样来进行估计，很耗费计算能力。

那么，如果我们设定一个确定性的策略又会怎样？与随机策略不同的是，确定策略在同一状态 s 下，只会唯一选择一个确定的动作 a，而不是一个动作的概率分布，即形式化为

$$a = \mu_\theta(s)$$

即同一个策略（同一参数 θ），在同一状态 s 下会选择一个确定的唯一动作 a。同样，我们定义累积奖赏 $J(\mu_\theta) = \mathbb{E}(r^\gamma|\mu)$，概率分布为 $p(s \to s', t, \mu)$ 以及状态分布为 $\rho^\mu(s)$，则累积奖赏可用下式表示

$$J(\mu_\theta) = \int_S \rho^\mu(s)r(s, \mu_\theta(s))\mathrm{d}s = \mathbb{E}_{s \sim \rho^\mu}[r(s, \mu_\theta(s))] \tag{6.3}$$

在随机策略中，可以通过计算梯度来更新策略，同样地，也需要计算确定性策略的梯度。可以证明，当 MDP 满足一定条件时，$\nabla_\theta \mu_\theta(s)$ 和 $\nabla_a Q^\mu(s, a)\$ 存在，也就是确定性策略梯度存在，且可由下式求得：

$$\begin{aligned}
\nabla_\theta J(\mu_\theta) &= \int_S \rho^\mu(s)\nabla_\theta \mu_\theta(s)\nabla_a Q^\mu(s, a)|_{a=\mu_\theta(s)}\mathrm{d}s \\
&= \mathbb{E}_{s \sim \rho^\mu}[\nabla_\theta \mu_\theta(s)\nabla_a Q^\mu(s, a)|_{a=\mu_\theta(s)}]
\end{aligned} \tag{6.4}$$

使用确定性策略梯度，则不再需要关于动作的期望，意味着需要的样本数量会变少，学习效率会提高，尤其当动作空间比较大时这一点更加明显。

6.2　异策略的确定性策略梯度

观察确定性策略梯度和随机性策略梯度的公式可以发现，确定性策略梯度求解是对状态和动作求期望，也就是要对状态分布和动作分布求积分，意味着需要在状态空间和动作空间内进行大量采样，才有可能得

到比较好的期望的近似。与随机性策略不同的是，确定性策略在同一状态下的动作是确定的，所以当确定性策略梯度存在时，求解它的过程就不需要在动作空间进行采样积分。很显然，确定性策略需要的数据样本就会少很多，尤其是当动作空间很大时，差距就更加明显。也就是说，确定性策略具有效率高的特点。

　　强化学习需要让智能体在环境中探索来学习，也就是智能体要尝试多种状态、收集样本、以最大化累积奖赏为目标来更新策略。随机性策略本身自带探索，通过探索产生各种各样的数据，有正面样本以及负面样本，从而可让智能体从这些数据中进行学习以改进策略。然而，确定性策略在给定状态 s 和参数 θ 时动作是固定的，意味着当给定初始状态时，所能产生的轨迹是固定的，无法产生新的样本，也就无法学习。

　　为了使得确定性策略梯度的方法能够探索，需要做一些改进。方法之一是加入噪声，这当然可以完成探索环境的目的，但是会违背我们使用确定性策略梯度的初衷。另一个方法是取异策略（异策略）的方法，也就是行动策略和评估策略并不相同。因此，我们可以将行动策略设为随机性策略 $\beta(s)$，而评估策略设为确定性策略 μ_θ：

$$J_\beta(\mu(\theta)) = \int_S \rho^\beta(s) V^\mu(s) \mathrm{d}s = \int_S \rho^\beta(s) Q^\mu(s, \mu_\theta(s)) \mathrm{d}s \tag{6.5}$$

$$\begin{aligned}
\nabla\theta J_\beta(\mu(\theta)) &\approx \int_S \rho^\beta(s) \nabla_\theta \mu_\theta(a|s) Q^\mu(s, a) \mathrm{d}s \\
&= \mathbb{E}_{s \sim \rho^\beta}[\nabla_\theta \mu_\theta(s) \nabla_a Q^\mu(s, a)|_{a=\mu_\theta(s)}]
\end{aligned} \tag{6.6}$$

这称为异策略的确定性策略梯度。

　　与随机性策略梯度方法相同，在这里也同样可以引入 Actor-Critic 方法，用另一个参数对动作值函数 $Q^\mu(s, a)$ 进行估计，得到 $Q^w(s, a)$：$Q^w(s, a) \approx Q^\mu(s, a)$，则一次更新过程可表示为

$$\begin{aligned}
\delta_t &= r_t + \gamma(Q^w(s_{t+1}, \mu_Q(s_{t+1})) - Q^w(s_t, a_t)), \\
w_{t+1} &= w_t + \alpha\delta_t \nabla_w Q^w(s_t, a_t), \\
\theta_{t+1} &= \theta_t + \alpha_\theta \nabla_\theta \mu_\theta(s_t) \nabla Q^w(s_t, a_t)|_{a = \mu_\theta(s)}
\end{aligned} \tag{6.7}$$

　　其中，第 1 行和第 2 行表示用值函数近似的方法来更新 Critic 部分 $Q^w(s, a)$，第 3 行是用确定性策略梯度的方法来对策略进行更新。至此，

已经在确定性策略梯度中利用异策略进行探索来学习，利用 Actor-Critic 来提升效果，可以用于一些问题的求解了。

6.3 深度确定性策略梯度

我们在第 4 章中提到，在传统的 Q-Learning 的基础上利用深度神经网络来对值函数进行逼近，可以得到 DQN。同样地，我们也可以在 DPG 的基础上引入深度神经网络进行函数的近似，以期望取得好的效果，这就是下面要介绍的深度确定性策略梯度（Deep Deterministic Policy Gradient，DDPG）[39]。

如果直接将深度神经网络引入 Q-Learning 中，会因为采集到的样本之间相关性太强，不符合神经网络拟合时训练数据独立同分布的假设，导致学习效果不稳定。为了解决上述问题，DQN 中使用了两个技巧，回放内存与固定目标网络，DDPG 同样应用了这两个技巧，并结合本身的特点做了一些适应性的改进。

DDPG 中经验回放的做法与 DQN 中的完全相同，即智能体在学习过程中将数据存储起来，然后利用均匀随机采样的方法从其中获取数据，并基于这些数据训练神经网络。

目标网络部分，由于 DDPG 中的网络情况比 DQN 中的更加复杂，因此略有不同。DQN 中只需对值函数进行估计，引入另一个独立的目标 Q 网络即可。而在 DDPG 中，本身就有 Actor 网络和 Critic 网络，各自都不够稳定、有震荡。也就是说，需要为 Actor 网络和 Critic 网络分别设立一个目标网络，将 Actor 目标网络的参数用 θ^- 表示，Critic 目标网络的参数用 w^- 表示，则 DDPG 的一次更新可表示为

$$\delta_t = r_t + \gamma(Q^{w^-}(s_{t+1}, \mu_{\theta^-}(s_{t+1})) - Q^w(s_t, a_t)),$$
$$w_{t+1} = w_t + \alpha \delta_t \nabla_w Q^w(s_t, a_t), \tag{6.8}$$
$$\theta_{t+1} = \theta_t + \alpha_\theta \nabla_\theta \mu_\theta(s_t) \nabla Q^w(s_t, a_t)|_{a=\mu_\theta(s)}$$

$$\theta^- = \tau\theta + (1-\tau)\theta^-$$
$$w^- = \tau w + (1-\tau)w^- \tag{6.9}$$

基于上述内容，我们可以得到完整的 DDPG 算法如 Algorithm 7 所示。

Algorithm 7　DDPG 算法

用随机权重 w 和 θ 来初始化 Critic 网络 $Q^w(s,a)$ 和 Actor 网络 $\mu_\theta(s)$

初始化目标网络：$Q^{w^-}(s,a) \leftarrow Q^w(s,a), \mu_{\theta^-}(s)$

初始化经验回放池 R

for 回合 $= 1, M$ **do**

　为动作探索初始化一个随机进程 N

　接收初始状态 s_1

　for $t = 1, T$ **do**

　　根据当前的策略和探索噪声选择动作：$a_t = \mu_\theta(s_t) + \mathcal{N}_t$

　　执行动作 a_t，收集奖赏 r_t 和下一状态 s_{t+1}

　　存储样本 (s_t, a_t, r_t, s_{t+1}) 到 R

　　从 R 中随机采样 N 个样本 (s_i, a_i, r_i, s_{i+1})

　　设置 $y_i = r_i + \gamma Q^{w^-}(s_{i+1}, \mu^{\theta^-}(s_{i+1}))$

　　通过最小化如下损失函数来更新 Critic 网络：$L = \frac{1}{N}\sum_i (y_i - Q^w(s_i, a_i))^2$

　　更新 Actor 网络

　　更新目标网络：$\theta^- = \tau\theta + (1-\tau)\theta^-, w^- = \tau w + (1-\tau)w^-$

　end for

end for

6.4　D4PG 算法

DeepMind 的研究人员们继续改进，提出了 D4PG 算法，进一步提升了算法的学习效率和学习效果。D4PG 算法的全称是 Distributed Distributional Deep Deterministic Policy Gradient 算法[6]，其主要的贡献是基于 DDPG 算法进行分布式训练的改造扩大训练规模，使用价值函数分布来提升效果，以及其他的一些改进。

6.4.1　分布式

为了提升学习效率，可以使用分布式的方式来扩大训练规模，以支持同时产生更多的样本，提升训练速度。前面提到，DDPG 算法采用异策略的方式，这就意味着可以很自然地修改其收集和利用样本的形式，从而可以在满足算法的要求下提升效果。

基于上述目的，研究人员们提出了 Apex 框架。具体地，为了能够同时产生更多的样本，利用多个 Actor 进行分布式采样，并将收集到的众多样本都存储在同一个回放池中，而 Learner 则同样从此回放池中采样，计算梯度来更新网络权重，并以一定频率将新的权重更新到 Actor 中。整个流程如图 6.1 所示，相对于原始的方式，这样处理后可以大大提高样本获取的速度。这也是 D4PG 算法中第一个 D，即 Distributed（分布式）所指代的改进。

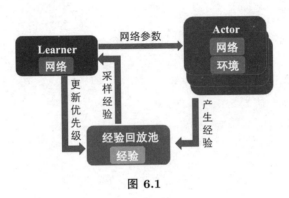

图 6.1

6.4.2 值函数分布

除了 Distributed（分布式），D4PG 算法的另一个重要改进就是 Distributional 了，指的是将传统的 Critic 从一个函数转换成一个分布。具体地，为了使用参数化的 Critic 近似 $Q(x, a)$ 的函数值，可以把收益看作是随机变量 Z_π，则有 $Q_\pi(s, a) = \mathbb{E}Z_\pi(s, a)$，相应地，分布的贝尔曼操作则可表示成

$$(\tau_\pi Z)(s, a) = r(s, a) + \gamma \mathbb{E}[Z(s', \pi(s'))|s, a] \tag{6.10}$$

经过这样的处理，Critic 的损失函数则变成了

$$L(w) = \mathbb{E}_\rho[d(\tau_{\pi_{\theta'}} Z_{w'}(s, a), Z_w(s, a))] \tag{6.11}$$

其中，d 表示的是分布之间的距离度量，在这里使用的是交叉熵（Cross-Entropy）。

6.4.3　N-step TD 误差和优先级的经验回放

进一步地，为了减少更新时的方差，D4PG 也引入了 N-step 的 TD-error 的方式。N-step 的方式在很多策略梯度方法以及一些 Q-Learning 算法的变体中均使用广泛，同样地，我们在使用值函数分布时也能够利用 N-step 来更新，则有下式：

$$\tau_\pi^N Q(s_0, a_0) = r(s_0, a_0) + \mathbb{E}[\sum_{n=1}^{N-1} \gamma^n r(s_n, a_n) + \gamma^N Q(s_N, \pi(s_N))|s_0, a_0]$$

(6.12)

另外，在前面的分布式训练部分，我们看到 Apex 框架的示意图中，Learner 从经验回放池中不是使用均匀随机采样，而是使用了优先级采样的方式，这种对经验回放池的改造方式在之前的一些工作上[55] 就已经被使用，并被证明能够加速训练收敛，其主要是使用了重要性采样（Importance Sampling）的方法。

总结上述几部分，我们可以看出 D4PG 算法就是在 DDPG 算法基础上利用分布式训练来扩大训练规模，利用价值函数的分布来提升训练效果，并引入了 N-step 的 TD-error 和优先级经验回放池等技术来进一步优化。

6.5　实验效果与小结

DeepMind 的研究人员对 DDPG、D3PG、D4PG 等算法做了比较实验，图 6.2 中展示了部分实验结果。可以看出，在几乎所有的实验问题上，不带分布式的 DDPG 的性能比所有其他方法的都要差。随着任务

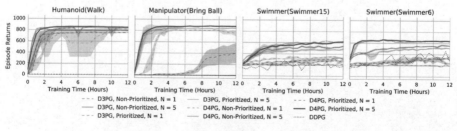

图 6.2

难度增加，这种差异变得更大。同时，在所有的实验中，D4PG 算法都取得了最好的表现。另外，$n=5$ 的效果几乎都比 $n=1$ 要好，证明加入的这个特性是有效的。同时，Critic 上所做的改变，即改成价值函数分布，也取得了明显的效果。至此，我们可以说，这里所提出的确定性策略梯度是有效的，可以有效地学习。D4PG 中所做的其他改进，也进一步提升了效果。

PPO 算法

　　PPO（Proximal Policy Optimization）算法是 OpenAI 2017 年提出的一种深度强化学习方法，它将优化理论中的信赖域方法引入强化学习，在各种实验场景中都取得了非常好的效果，基本上已经成为强化学习领域最为流行的算法。在 OpenAI 开源的强化学习算法库基线（baseline）里，也将 PPO 作为其默认算法，可见其适用度之广。PPO 在 OpenAI 的诸多研究工作中都扮演重要角色。比如在有广泛影响的 DOTA2 的人机对战中，机器就是用 PPO 训练出来的，这是一个比围棋更复杂的游戏环境，可见 PPO 算法的威力[56, 57]。

7.1　PPO 算法的核心

　　我们前面已经介绍了策略梯度方法，它的基本思想是由参数 θ 控制随机策略 $\pi(\theta)$，再通过优化策略的目标函数（通常是累积折扣回报）来更新策略的参数：

$$\theta_{\text{new}} = \theta_{\text{old}} + \alpha \nabla_\theta \mathbb{J} \tag{7.1}$$

从式 (7.1) 中可以看到，策略梯度的问题是如何确定更新的步长。当步长不合适的时候，更新的参数对应的策略可能是一个不好的策略，当继续用这个不好的策略进行采样学习时，再次更新的参数只会更差。这就导致策略的学习越来越差，甚至可能发散。如何寻找合适的更新步长是使用策略梯度算法时必须考虑的问题。针对这个问题，TRPO 算法提出了一个很好的解决方案，能够使新的策略的回报函数值单调递增或者不

61

减，这就解决了策略梯度的步长问题，这也是 PPO 算法的核心。由于
TRPO 的算法实现相对比较麻烦，而 PPO 利用一些启发式的方法对求
解过程进行了简化，不仅能够取得类似的算法性能，而且实现上非常简
单。下面我们先介绍一下 TRPO 算法是如何做的，然后再以此为基础引
出 PPO 算法。

7.2 TRPO 算法

要使回报函数值单调不减，一个基本的想法是将新的策略所对应的
回报函数分解成旧的策略所对应的回报函数加上其他项的形式。只要新
的策略所对应的其他项大于等于 0，那么新的策略就能保证回报函数值
单调不减。这样的等式早在 2002 就由 Sham Kakade 提出来了，这是整
个 TRPO 算法的起点：

$$\eta(\tilde{\pi}) = \eta(\pi) + E_{s_0,a_0,\cdots,\tilde{\pi}}[\sum_{t=0}^{\infty} \gamma^t A_{\pi}(s_t, a_t)] \tag{7.2}$$

我们用 π 表示旧的策略，$\tilde{\pi}$ 表示新的策略。其中 $A_{\pi}(s, a) = Q_{\pi}(s, a) - V_{\pi}(s)$ 是之前提过的优势函数。下面简单介绍一下式 (7.2) 的证明。

$$E_{\tau|\tilde{\pi}}[\sum_{t=0}^{\infty} \gamma^t A_{\pi}(s_t, a_t)] = E_{\tau|\tilde{\pi}}[\sum_{t=0}^{\infty} \gamma^t (r(s) + \gamma V^{\pi}(s_{t+1}) - V^{\pi}(s_t))] \tag{7.3}$$

$$= E_{\tau|\tilde{\pi}}[\sum_{t=0}^{\infty} \gamma^t (r(s_t)) + \sum_{t=0}^{\infty} \gamma^t (\gamma V^{\pi}(s_{t+1}) - V^{\pi}(s_t))] \tag{7.4}$$

$$= E_{\tau|\tilde{\pi}}[\sum_{t=0}^{\infty} \gamma^t (r(s_t))] + E_{s_0}[-V^{\pi}(s_0)] \tag{7.5}$$

$$= \eta(\tilde{\pi}) - \eta(\pi) \tag{7.6}$$

将上面的公式展开可以得到

$$\eta(\tilde{\pi}) = \eta(\pi) + \sum_{t=0}^{\infty} \sum_{s} P(s_t = s|\tilde{\pi}) \sum_{a} \tilde{\pi}(a|s) \gamma^t A_{\pi}(s, a) \tag{7.7}$$

令 $\rho_\pi(s) = P(s_0 = s) + \gamma P(s_1 = s) + \gamma^2 P(s_2 = s) + \cdots$，可以得到

$$\eta(\tilde\pi) = \eta(\pi) + \sum_s \rho_{\tilde\pi}(s) \sum_a \tilde\pi(a|s) A_\pi(s, a) \tag{7.8}$$

这个等式表明任何具有在每个状态下非负优势函数的策略更新，即 $\sum_a \tilde\pi(a|s) A_\pi(s, a) \geqslant 0$，就能保证策略 η 的表现变好。但是由于估计和近似的误差，会有一些状态 s 的期望优势函数值为负，即 $\sum_a \tilde\pi(a|s) A_\pi(s, a) < 0$。$\tilde\pi$ 对于 $\rho_{\tilde\pi}(s)$ 的依赖比较复杂，使得式 (7.8) 非常难以直接优化。TRPO 使用 ρ_π 取代 $\rho_{\tilde\pi}$ 对 η 做了一个局部近似，从而忽略了由于策略改变而导致的状态访问次数密度的变化。

$$L_\pi(\tilde\pi) = \eta(\pi) + \sum_s \rho_\pi(s) \sum_a \tilde\pi(a|s) A_\pi(s, a) \tag{7.9}$$

L_π 实际上是 η 的一阶近似，对于任意的参数 θ_0，

$$L_{\pi_{\theta_0}}(\pi_{\theta_0}) = \eta(\pi_{\theta_0}), \nabla_\theta L_{\pi_{\theta_0}}(\pi_\theta)|_{\theta=\theta_0} = \nabla_\theta \eta(\pi_{\pi_\theta})|_{\theta=\theta_0} \tag{7.10}$$

从式 (7.10) 中可以知道，只要策略改变了一小步 $\pi_{\pi_0} \leftarrow \tilde\pi$，能够使得 $L_{\pi_{\theta_{\text{old}}}}$ 变好，那么这一步同样能够优化目标 η，但是这个式子中并没有提及策略更新的步长应该取多大？

此处 TRPO 利用不等式

$$\eta(\tilde\pi) \geqslant L_\pi(\tilde\pi - CD_{\text{KL}}^{\max}(\pi, \tilde\pi)) \tag{7.11}$$

其中 $C = \frac{2\epsilon\gamma}{(1-\gamma)^2}$，$D_{\text{KL}}(\pi, \tilde\pi)$ 是两个分布的 KL 散度。

式 (7.11) 提供了 $\eta(\tilde\pi)$ 的下界，我们令这个下界为

$$M_i(\pi) = L_{\pi_i}(\pi) - CD_{\text{KL}}^{\max}(\pi_i, \pi)$$

利用这个下界，可以证明策略的单调性 $\eta(\pi_0) \leqslant \eta(\pi_1) \leqslant \eta(\pi_2) \cdots$，由式 (7.11) 我们可以得到

$$\eta(\pi_{i+1}) \geqslant M_i(\pi_{i+1}) \tag{7.12}$$

如果在上一迭代中，能够使得

$$\eta(\pi_{i+1}) = M_i(\pi_{i+1}) \tag{7.13}$$

那么就有

$$\eta(\pi_{i+1}) - \eta(\pi_i) \geqslant M_i(\pi_{i+1}) - M_i(\pi_i) \tag{7.14}$$

所以我们的策略就需要使 M_i 最大，即保证真正的目标函数 η 单调不减。问题转化为求解参数 θ，使得如下的目标函数最大

$$L_{\theta_{\text{old}}}(\theta) - C D_{\text{KL}}^{\max}(\theta_{\text{old}}, \theta) \tag{7.15}$$

使用式 (7.15) 中的理论的惩罚系数 C，那么步长会变得非常小。如果想要使用比较鲁棒而又比较大的步长的话，就需要对新策略和旧策略的 KL 散度进行约束，也就是信赖域约束（Trust Region Constraint），可以形式化地表达为在约束条件 $D_{\text{KL}}^{\max}(\theta_{\text{old}}, \theta) \leqslant \delta$ 下，最大化目标函数 $L_{\theta_{\text{old}}}(\theta)$。但是由于在实际使用时约束的数量太多，这个问题实际上并不好求解。因此，可以用一个启发式的近似来简化问题，比如使用 KL 散度的平均：

$$\bar{D}_{\text{KL}}^{\rho}(\theta_1, \theta_2) := \mathbb{E}_{s \sim \rho}[D_{\text{KL}}(\pi_{\theta_1}(\cdot|s)||\pi_{\theta_2}(\cdot|s))] \tag{7.16}$$

依此，可以通过在约束 $\bar{D}_{\text{KL}}^{\rho_{\theta_{\text{old}}}}(\theta_{\text{old}}, \theta) \leqslant \delta$ 下，优化目标函数 $L_{\theta_{\text{old}}}(\theta)$ 来产生策略的更新。将 $L_{\theta_{\text{old}}}$ 展开，即

$$\sum_s \rho_{\theta_{\text{old}}}(s) \sum_a \pi_\theta(a|s) A_{\theta_{\text{old}}}(s, a) \tag{7.17}$$

采用重要性采样处理后面一部分 $\sum_a \tilde{\pi}(a|s) A_\pi(s, a)$ 的动作分布。如果用 θ 来表示策略的参数，那么

$$\sum_a \pi_\theta(a|s_n) A_{\theta_{\text{old}}}(s_n, a) = E_{a \sim q}\left[\frac{\pi_\theta(a|s_n)}{\pi_{\theta_{\text{old}}}(a|s_n)} A_{\theta_{\text{old}}}(s_n, a)\right] \tag{7.18}$$

上面的优化问题就可以表示为在

$$E_{s \sim \rho_{\theta_{\text{old}}}}[D_{\text{KL}}(\pi_{\theta_{\text{old}}}(\cdot|s)||\pi_\theta(\cdot|s))] \leqslant \delta$$

约束下，最大化目标函数

$$E_{s \sim \rho_{\theta_{\text{old}}}, a \sim q}\left[\frac{\pi_\theta(a|s)}{q(a|s)} Q_{\theta_{\text{old}}}(s, a)\right], \tag{7.19}$$

剩下的就是通过采样来估计期望以求解该优化问题。

这里主要介绍两种不同的采样估计模式。

第一种模式，称为单路径模式。在这种模式中，通过采样 $s_0 \sim \rho_0$ 得到一系列的状态，并且通过模拟执行旧的策略 $\pi_{\theta_{\text{old}}}$ 得到一条轨迹 $s_0, a_0, s_1, a_1, \cdots, s_{T-1}, a_{T-1}, s_T$，因此，$q(a|s) = \pi_{\theta_{\text{old}}}(a|s)$。$Q_{\theta_{\text{old}}}(s, a)$ 是通过计算轨迹上未来的折扣奖赏得到的。

第二种模式，称为藤蔓模式。在这种模式中，首先采样 $s_0 \sim \rho_0$，然后用策略 π_{θ_i} 来生成一批轨迹。从这些轨迹中选择一个包含 N 个状态的子集，记为 $s_1, s_2, \cdots, s_N$，对于在这个集合中的每个状态 s_n，根据 $a_{n,k} \sim q(\cdot|s_n)$ 采样 K 个动作。在实际使用中，研究者发现 $q(\cdot|s_n) = \pi_{\theta_i}(\cdot|s_n)$ 对于连续性问题表现得比较好；而对于离散问题，均匀分布表现得比较好。对于在每个状态 s_n 采样的动作 $a_{n,k}$，通过以状态 s_n 和动作 $a_{n,k}$ 为起点展开一条轨迹来估计 $\hat{Q}_{\theta_i}(s_n, a_{n,k})$。

相较于单路径模式，藤蔓模式在给定相同数量 Q 值样本的情况下有低得多的方差，因此对优势值有更好的估计。但藤蔓模式需要调用更多的模拟，并且需要系统能够具有重置到任意状态的能力，单路径模式则不需要这个重置能力，直接在对应的物理系统上实现即可。

7.3　PPO 算法

前面提到的 TRPO 算法虽然在理论上有很好的性质，但是实现时比较复杂。注意到 TRPO 的优化问题为在约束

$$\hat{E}_t[D_{\text{KL}}(\pi_{\theta_{\text{old}}}(\cdot|s_t)||\pi_\theta(\cdot|s_t))] \leqslant \delta \tag{7.20}$$

下，最大化目标函数

$$\hat{E}_t\left[\frac{\pi_\theta(a_t|s_t)}{\pi_{\theta_{\text{old}}}(a_t|s_t)}\hat{A}_t\right] \tag{7.21}$$

式 (7.21) 通过约束式 (7.20) 来保证策略更新的稳定性。式 (7.21) 实际上可以改写为

$$\hat{E}_t\left[\frac{\pi_\theta(a_t|s_t)}{\pi_{\theta_{\text{old}}}(a_t|s_t)}\hat{A}_t - \beta D_{\text{KL}}(\pi_{\theta_{\text{old}}}(\cdot|s_t)||\pi_\theta(\cdot|s_t))\right] \tag{7.22}$$

这样就引入了权重因子 β，而它是很难调节的。TRPO 为了解决优化问题，对目标式子做了线性近似，对约束项进行了二次近似，然后用共轭梯度方法和线性搜索的方法来解决。为了简化求解的过程，并且仍然保证足够的性能，PPO 算法在此基础上提出了优化方案：采用将约束作为惩罚项的做法。为了避免参数 β 调节的困难，它对上面的目标函数做了一些近似的改动，分为两种方式，下面简要介绍。

第一种方式是截断替代函数目标。首先令 $r_t(\theta) = \frac{\pi_\theta(a_t|s_t)}{\pi_{\text{old}}(a_t|s_t)}$，TRPO 就是在最大化目标

$$\mathbb{L}(\theta) = \hat{E}_t[\frac{\pi_\theta(a_t|s_t)}{\pi_{\theta_{\text{old}}}(a_t|s_t)}\hat{A}_t] = \hat{E}_t[r_t(\theta)\hat{A}_t] \tag{7.23}$$

在没有任何约束的情况下，$\mathbb{L}$ 可能会导致过大的策略更新幅度，因此考虑对此目标做一些限制，对于使 $r_t(\theta)$ 偏离 1 的策略改变进行惩罚。这样，式 (7.23) 可以表达为

$$\mathbb{L}^{\text{CLIP}}(\theta) = \hat{E}_t[\min(r_t(\theta)\hat{A}_t, \text{clip}(r_t(\theta), 1 - \epsilon, 1 + \epsilon)\hat{A}_t)] \tag{7.24}$$

其中 ϵ 是一个超参数。式中第一项就是前面的 $\mathbb{L}$，第二项 $\text{clip}(r_t(\theta), 1 - \epsilon, 1 + \epsilon)\hat{A}_t$ 将 r_t 超过区间 $[1 - \epsilon, 1 + \epsilon]$ 的部分截断。最后取截断之后的目标值和未截断的目标值中的较小者。可以看到 $\mathbb{L}^{\text{L}}$ 是 $\mathbb{L}$ 的一个下界。

第二种方式是自适应的 KL 惩罚系数。通过几轮的采样，计算

$$d = \hat{E}_t[D_{\text{KL}}(\pi_{\theta_{\text{old}}}(\cdot|s_t)||\pi_\theta(\cdot|s_t)) \tag{7.25}$$

如果 $d < d_{\text{target}}/1.5$，就将 $\beta \leftarrow \beta/2$；如果 $d > d_{\text{target}} \times 1.5$，就将 $\beta \leftarrow \beta \times 2$。然后 β 用于下一次策略更新。d_{target} 是每次更新的 KL 散度的目标值。这里的 1.5 和 2 都是启发性选择的，算法对于这两个值并不敏感。β 的初始值也是一个可以调整的超参数，但是在实践中并不是很重要，因为算法可以很快地将其调整到合适的值。

值得注意的是，在 OpenAI 的实验中发现，这种方式的表现会比截断的方式差一些，所以在实践中截断的方式会更常用。

针对这些不同的方法定义的目标函数，如果我们采用固定长度分段的方式收集样本，那么在每次循环中，N 个并行的 Actor 就可以

同时收集到 T 个样本。然后根据这 NT 个样本可以构建损失函数，用随机梯度下降算法（或者 Adam，通常可以取得更好的性能）即可以优化。套用 Actor-Critic 的优化框架，算法可以写成如 Algorithm 8 所示。

Algorithm 8　PPO 算法

1: **for** iteration=$1, 2, \cdots$ **do**
2: 　**for** actor=$1, 2, \cdots, N$ **do**
3: 　　在环境中用策略 π_θ 执行 T 步
4: 　　计算优势函数 $\hat{A}_1, \cdots, \hat{A}_T$
5: 　**end for**
6: 　在 K 轮的批大小为 $M \leqslant NT$ 的数据上优化替代的目标函数 $\mathbb{L}$
7: 　$\theta_{\text{old}} \leftarrow \theta$
8: **end for**

7.4　实验效果与小结

至此，PPO 算法的基本流程全部确定下来，OpenAI 的研究人员们通过实验对它的性质进行了很多分析。

7.4.1　替代函数的对比

首先是不同替代函数之间的比较，如表 7.1 所示，替代函数主要有如下几种类型。

表 7.1　替代函数

类型	替代函数
无截断	$L_t(\theta) = r_t(\theta)\hat{A}_t$
截断	$L_t(\theta) = \min(r_t(\theta)\hat{A}_t, \text{clip}(r_t(\theta)), 1-\epsilon, 1+\epsilon)\hat{A}_t$
KL 散度惩罚	$r_t(\theta)\hat{A}_t - \beta \text{KL}[\pi_{\theta_{old}}, \pi_\theta]$

通过在 MuJoCo 的 7 个机器人任务中进行实验，每个实验都训练 100 万步，对比得到不同种类的替代函数的得分如表 7.2 所示，可以看到

效果最好的采用了截断的替代函数。

表 7.2　替代函数的实验得分

替代函数种类	平均得分
无截断	-0.39
截断 $\epsilon = 0.1$	0.76
截断 $\epsilon = 0.2$	0.82
截断 $\epsilon = 0.3$	0.70
调节 KL 惩罚 $d_{\text{targ}} = 0.003$	0.68
调节 KL 惩罚 $d_{\text{targ}} = 0.01$	0.74
调节 KL 惩罚 $d_{\text{targ}} = 0.03$	0.71
固定 KL 惩罚 $\beta = 0.3$	0.62
固定 KL 惩罚 $\beta = 1$	0.71
固定 KL 惩罚 $\beta = 3$	0.72
固定 KL 惩罚 $\beta = 10$	0.69

7.4.2　在连续空间中与其他算法的对比

接下来，进一步使用截断的替代函数（$\epsilon = 0.2$），将 PPO 与其他流行的算法进行实验对比，主要包括 Trust Region Policy Optimization（TRPO），Cross-Entropy Method（CEM），步长可变的 Vanilla Policy Gradient，A2C，带有 Trust Region 的 A2C 实验测试环境同样包含常用的 MuJoCo，分别将这些算法训练 100 万步，观察它们的训练效果。

图 7.1 中展示了 PPO 算法与其他几个算法的情况。其中，PPO 在 HalfCheetah-v1、Hopper-v1、InvertedDoublePendulum-v1、Reacher-v1、Walker2d-v1 这些问题上都取得了最佳成绩，在 InvertedPendulum-v1 上与其他算法十分接近，在 Swimmer-v1 上仅次于 TRPO，而显著好于其他算法。综合来看，明显可以看出，PPO 算法的实验效果是最好的。

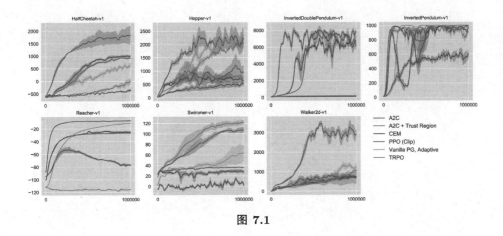

图 **7.1**

7.4.3　小结

从前面的介绍可以看到，PPO 不仅非常容易实现，而且同样具有 Trust Region 类方法的稳定性和可靠性，具有非常鲁棒的理论保障。并且它对于超参数不敏感，可以应用到各种通用的设定中。从实验中可以看到，PPO 往往都能取得比较好的效果。易实现、性能好，这使得 PPO 成为深度强化学习领域非常流行的算法。

8

IMPALA 算法

在多项任务上训练单个智能体的一个主要挑战是训练规模。一些主流的方法比如 A3C 等需要上亿的数据，并且需要若干天才能掌握某个单一的领域，在数十个领域上使用这些方法会非常慢。

IMPALA 可以扩展到上千台机器上，且不会损失训练的稳定性和数据的利用率。与 A3C 类的方法不同，在 A3C 中，Worker 和中心的参数服务器交换梯度信息，而 IMPALA 与中心的 Learner 交换轨迹信息。由于 IMPALA 中的 Learner 能够获取所有的经验轨迹，因此可以使用 GPU 来进行轨迹的 mini-batch 训练，同时并行化其他独立的部分。这种解耦的结构可以达到非常高的吞吐量。但是由于生成轨迹的策略会滞后于 Learner 中几次更新之后的策略，学习变成了异策略的形式。因此，业界引入 V-trace 的异策略算法来修正这种有害的策略差异。

在这样的设计之下，IMPALA 可以达到每秒 250 000 帧的数据处理能力，差不多是单机 A3C 的 30 倍；并且和 A3C 相比，IMPALA 也有更好的数据利用率，对于网络结构和超参的影响也更鲁棒一些。

8.1 算法架构

IMPALA 使用 Actor-Critic 的架构来学习得到策略 π 和基准函数 V^π，它解耦了生成轨迹的过程与学习参数的过程。整个算法的架构包括一堆用以与环境交互产生经验轨迹的 Actor，以及一个或者多个 Learner

（用来从经验轨迹中学习的策略）。它的运转流程如下。

第一，Actor 将本地的策略 μ 更新成和 Learner 的策略 π 参数一样，并且用这个策略在环境中运行 n 步。

第二，n 步之后，Actor 将收集得到的包含状态、动作、奖赏的轨迹以及对应的策略分布 $\mu(a_t?x_t)$ 和 LSTM 的初始状态发给 Learner。

第三，Learner 持续使用 Actor 收集的轨迹来更新自己的策略 π。

这个简单的架构使得 Learner 能够通过若干 GPU 进行加速，而 Actor 能够很容易在很多机器上进行分布式扩展。但是由于 Learner 的策略 π 会比 Actor 的策略 μ 更新更快，两者并不是完全同步的。这使得算法变成了异策略的算法。后面会介绍如何使用 V-trace 来修正这个策略延迟。从图 8.1 的对比中可以看出，IMPALA 架构的优势在于：在 (a) 中，Actor 每一步都会进行同步，效率非常低；在 (b) 中每 n 步会同步一次，但是不同的 Actor 之间需要相互等待；而在 (c) 中，Actor 和 Learner 是完全分开、异步执行的，Actor 不需要等待别的 Actor，可以尽可能多地采样。

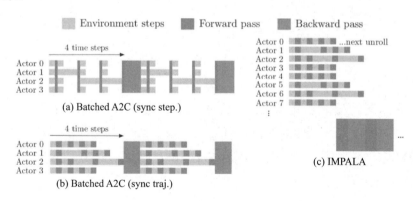

图 8.1

如果模型非常复杂，那么单个 GPU 的性能就可能成为整个系统的瓶颈。IMPALA 能够通过如图 8.2 所示的结构扩展到分布式的 Learner 上来学习大型神经网络模型。模型的参数分布在 Learner 中。Actor 从所有的 Learner 中获取参数，但是只将自己的观测发送给一个 Learner。

IMPALA 采用同步策略更新模型的参数，当扩展到很多机器上的时候，这种同步机制对于保持数据效率是非常关键的。

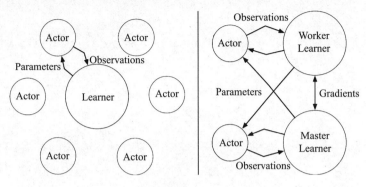

图 8.2

8.2　V-trace 算法

前面提到了异策略下的学习在解耦的分布式 Actor-Learner 下是非常重要的，因为用来生成动作的模型和用来估算梯度的模型之间存在区别。IMPALA 提出了 V-trace 的算法来解决这个问题。下面具体介绍 V-trace。

学习的目标是找到一个策略 π 能够最大化未来的期望奖赏，即

$$V^{\pi}(x) \overset{\text{def}}{=} E_{\pi}[\sum_{t \geqslant 0} \gamma^t r_t] \tag{8.1}$$

其中 $\gamma \in [0,1)$ 是折扣系数，$r_t = r(x_t, a_t)$ 是在时刻 t 的奖赏值，x_t 是在时刻 t 的状态，$a_t \sim \pi(\cdot|x_t)$ 是由策略 π 生成的动作。

回顾一下异策略算法，它的核心是用行为策略 μ 产生的轨迹来学习策略 π 的值函数 V^{π}，这个策略 π 可能和 μ 是不同的，一般被称为目标策略。

假如 Actor 依据某一策略 μ 生成了一系列的轨迹 $(x_t, a_t, r_t)\big|_{t=s}^{t=s+n}$，我们将状态 x_s 的值函数估计 $V(x_s)$ 的 n 步 V-trace 目标定义为

$$v_s \overset{\text{def}}{=} V(x_s) + \sum_{t=s}^{s+n-1} \gamma^{t-s}(\prod_{i=s}^{t-1} c_i)\delta_t V \tag{8.2}$$

其中，$\delta_t V \overset{\text{def}}{=} \rho_t(r_t + \gamma V(x_{t+1}) - V(x_t))$ 是值函数 V 的时序差分，$\rho_t \overset{\text{def}}{=} \min(\bar{\rho}, \frac{\pi(a_t|x_t)}{\mu(a_t|x_t)})$ 和 $c_i \overset{\text{def}}{=} \min(\bar{c}, \frac{\pi(a_i|x_i)}{\mu(a_i|x_i)})$ 是截断的重要性采样权重，同时这里假设截断的等级 $\bar{\rho} \geqslant \bar{c}$。

可以看到在同策略的情况（即 $\pi = \mu$）下，式 (8.2) 可以写成

$$v_s = V(x_s) + \sum_{t=s}^{s+n-1} \gamma^{t-s}(r_t + \gamma V(x_{x+1}) - V(x_t)) = \sum_{t=s}^{s+n-1} \gamma^{t-s} r_t + \gamma^n V(x_{s+n})$$

$$\tag{8.3}$$

这就是同策略的贝尔曼目标，也就是说 V-trace 在同策略的情况下可以被归约为 n 步的贝尔曼更新。这使得 V-trace 算法可以被用到异策略或者同策略的场景中。

另外，重要性采样权重 c_i 和 ρ_t 实际上有不同的作用。权重 ρ_t 在时序差分中，实际上定义了更新规则的不动点。在离散状态的情况下，值函数可以通过状态的枚举表示出来，这时候不动点实际上是某个策略 $\pi_{\bar{\rho}}$ 的值函数 $V^{\pi_{\bar{\rho}}}$，该值函数对应的策略为

$$\pi_{\bar{\rho}}(a|x) \overset{\text{def}}{=} \frac{\min(\bar{\rho}\mu(a|x), \pi(a|x))}{\sum_{b \in A} \min(\bar{\rho}\mu(b|x), \pi(b|x))} \tag{8.4}$$

所以当 $\bar{\rho}$ 无限（即 ρ_t 没有截断）的时候，它就是目标策略的值函数 V^π。但是当我们选取 $\bar{\rho} < \infty$ 的时候，不动点就是在策略 μ 和 π 之间的一个策略 $\pi_{\bar{\rho}}$ 的值函数 $V^{\pi_{\bar{\rho}}}$。当 $\bar{\rho}$ 趋近于 0 的时候，能够得到行为策略 μ 的值函数 V^μ。

权重 c_i 的乘积 $c_s, \cdots, c_{t-1}$ 衡量了时序差分 $\delta_t V$ 在时刻 t 对于前一个时刻 s 的值函数更新的影响。π 和 μ 差别越大，这个乘积的方差也就越大。$\bar{c}$ 实际上将重要性采样截断到一个可控的水平，以保证重要性采样的方差稳定性。

总结来说，$\bar{\rho}$ 影响值函数收敛的位置，而 $\bar{c}$ 影响收敛到这个位置的速度。

8.3　V-trace Actor-Critic 算法

在同策略的情况中，值函数 $V^\mu(x_0)$ 对策略 μ 的参数的梯度为

$$\nabla V^\mu(x_0) = \mathbb{E}_\mu[\sum_{s \geqslant 0} \gamma^s \nabla \log \mu(a_s|x_s) Q^\mu(x_s, a_s)] \tag{8.5}$$

其中 $Q^\mu(x_s, a_s) \overset{\text{def}}{=} \mathbb{E}_\mu[\sum_{t \geqslant s} \gamma^{t-s} r_t | x_s, a_s]$ 是策略 μ 的状态动作值函数。通常我们使用梯度上升方法在 $\mathbb{E}_{a_s \sim \mu(\cdot|x_s)}[\nabla \log \mu(a_s|x_s) q_s|x_s]$ 梯度方向上对策略参数进行更新，这里 q_s 是 $Q^\mu(x_s, a_s)$ 的一个估计。

在异策略的情况中，可以在策略 $\pi_{\bar\rho}$ 和 μ 之间通过重要性采样在如下的梯度方向上更新策略的参数：

$$\mathbb{E}_{a_s \sim \mu(\cdot|x_s)}\left[\frac{\pi_{\bar\rho}(a_s|x_s)}{\mu(a_s|x_s)} \nabla \log \pi_{\bar\rho}(a_s|x_s) q_s|x_s\right] \tag{8.6}$$

其中 $q_s \overset{\text{def}}{=} r_s + \gamma v_{s+1}$ 是 $Q^{\pi_{\bar\rho}}(x_s, a_s)$ 的一个估计，它是 V-trace 在下一个状态 x_{s+1} 中对 v_{s+1} 的估计。

通常为了减小梯度估计的方差，会对 q_s 减去一个状态相关的基线，比如当前的值函数估计 $V(x_s)$。

如果假设 $V^{\pi_{\bar\rho}} - V^\pi$ 非常小（比如 $\bar\rho$ 足够大），那么 q_s 就有可能提供一个对 $Q^\pi(x_s, a_s)$ 非常好的估计。

通过上面的分析，我们总结一下基于 V-trace 的 Actor-Critic 算法。

假设当前的策略 π_ω，其对应的值函数由参数 θ 表达为 V_θ，轨迹由行为策略 μ 产生。在训练时刻 s，训练目标为对 v_s 的 L2 损失。这里的目标 v_s 即为 V-trace 目标。值函数的参数对这个优化目标进行梯度下降来更新，即梯度方向为

$$(v_s - V_\theta(x_s))\nabla_\theta V_{\theta(x_s)} \tag{8.7}$$

策略的参数 ω 在如下的梯度方向更新：

$$\rho_s \nabla_\omega \log \pi_{\omega(a_s|x_s)}(r_s + \gamma v_{s+1} - V_\theta(x_s)) \tag{8.8}$$

为了避免过早收敛，也可以像 A3C 一样，加入一个熵的约束

$$-\nabla_\omega \sum_a \pi_\omega(a|x_s) \log \pi_\omega(a|x_s) \tag{8.9}$$

8.4　实验效果与小结

8.4.1　计算性能

高吞吐、计算效率和可扩展性是 IMPALA 设计的主要目标。为了验证这些目标，实验中对各种 IMPALA 的变体和 A3C、A2C 进行了比较。在分布式多机的设定中，最能体现 IMPALA 的可扩展性的设定。它能够达到每秒 250000 帧的吞吐量，具体的性能情况如图 8.3 所示。

Architecture	CPUs	GPUs[1]	FPS[2]	
Single-Machine			Task 1	Task 2
A3C 32 workers	64	0	6.5K	9K
Batched A2C (sync step)	48	0	9K	5K
Batched A2C (sync step)	48	1	13K	5.5K
Batched A2C (sync traj.)	48	0	16K	17.5K
Batched A2C (dyn. batch)	48	1	16K	13K
IMPALA 48 actors	48	0	17K	20.5K
IMPALA (dyn. batch) 48 actors[3]	48	1	21K	24K
Distributed				
A3C	200	0	46K	50K
IMPALA	150	1	80K	
IMPALA (optimised)	375	1	200K	
IMPALA (optimised) batch 128	500	1	250K	

[1] Nvidia P100 [2] In frames/sec (4 times the agent steps due to action repeat). [3] Limited by amount of rendering possible on a single machine.

图 8.3

8.4.2　单任务训练性能

为了研究 IMPALA 的学习性能，研究人员采用了 DeepMind Lab 不同的单任务场景来进行测试。这些任务包括规划任务、迷宫导航、激光标记和简单的水果搜集任务。对比算法主要选取了 A3C、A2C。

收敛性与稳定性

从如图 8.4 所示的实验上，第一行比较的是模型的最终收敛效果。图中曲线是根据 5 个实验中选取 3 轮最好的结果求的均值绘出的，可以看到 IMPALA 总是比 A3C 要表现更好一些。第二行比较的是模型对于不同的超参数设置的敏感度，从图中可以看到，对于不同的超参数的组合，IMPALA 总是表现比较稳定。

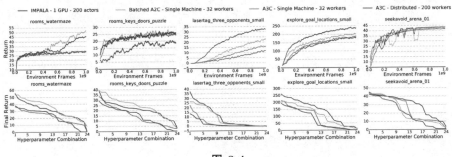

图 8.4

V-trace 的分析

为了研究 V-trace 在整个算法中的作用，可以构造如下四种算法来进行比较。

- 无修正：没有异策略的修正；

- $\epsilon-$ 修正：在梯度计算的时候加一个很小的值 $\epsilon = 1e-6$ 来避免由于 $\log \pi(a)$ 变得非常小而导致的数值不稳定；

- 1 步的重要性采样：对于策略梯度，在每一步都依据对应的重要性采样乘以优势函数；

- IMPALA 中使用的 V-trace。

这里同样使用前面的五个任务进行实验。同时，为了增加策略 π 和 μ 之间的差别，对 Learner 添加了回放缓存，每个训练批次都从缓存中随机采样 50% 的样本。从图 8.5 中我们可以看到带有回放缓存和不带回放缓存的算法表现的差别。在没有缓存的设定中，V-trace 有 3 个任务都表现得最好，接下来就是 1 步的重要性采样。尽管 V-trace 和 1 步重要性采样在无缓存的设定中差别不大。但是在有缓存的实验中，两者的差别就显现出来了。这说明随着两个策略的差距变大，1 步重要性采样的近似已经开始变得不起作用了。

	Task 1	Task 2	Task 3	Task 4	Task 5
Without Replay					
V-trace	46.8	32.9	**31.3**	**229.2**	**43.8**
1-Step	**51.8**	**35.9**	25.4	215.8	43.7
ε-correction	44.2	27.3	4.3	107.7	41.5
No-correction	40.3	29.1	5.0	94.9	16.1
With Replay					
V-trace	47.1	**35.8**	**34.5**	**250.8**	**46.9**
1-Step	**54.7**	34.4	26.4	204.8	41.6
ε-correction	30.4	30.2	3.9	101.5	37.6
No-correction	35.0	21.1	2.8	85.0	11.2

Tasks: rooms_watermaze, rooms_keys_doors_puzzle,
lasertag_three_opponents_small,
explore_goal_locations_small, seekavoid_arena_01

图 8.5

8.4.3 多任务训练性能

IMPALA 的高数据吞吐量和数据效率使我们可以仅做一些小改动就能同时训练多个任务。实验中使用 DMLab-30，这是 DeepMind Lab 构建的一个包含 30 个不同任务的训练环境。从实验的结果（图 8.6）可以看到，IMPALA 的整体效果要远好于 A3C。

Model	Test score
A3C, deep	23.8%
IMPALA, shallow	37.1%
IMPALA-Experts, deep	44.5%
IMPALA, deep	46.5%
IMPALA, deep, PBT	**49.4%**
IMPALA, deep, PBT, 8 learners	49.1%

图 8.6

IMPALA 是一个可以高效地进行分布式扩展的深度强化学习算法，在大规模的学习任务中不仅有很好的数据效率和稳定性，而且最终收敛效果也很好。在 DMLab-30 的实验中，展示出在多任务的设定下，不同任务之间发生了正向的知识迁移，帮助 IMPALA 达到了更好的学习效果。正是由于 IMPALA 的优秀特性，DeepMind 在研究《星际争霸》这么复杂的游戏时，也使用了 IMPALA 作为训练优化算法，并且最终取得了很好的效果。除了最终的效果，训练速度也是很重要的，因为它会极大影响应用的效率。图 8.7 中展示了多个算法在 DMLab-30 上的收敛速度，从图中可以明显看出，IMPALA 的收敛速度比其他算法快得多。

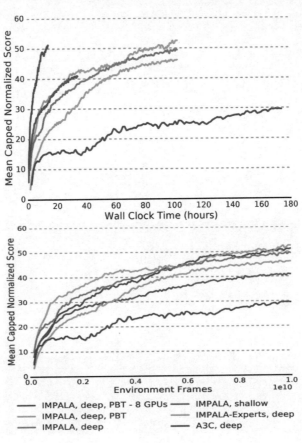

图 8.7

8.4.4　小结

IMPALA 是一个可以高度扩展的分布式强化学习算法，它能够有效地利用可用的计算资源。与此同时，IMPALA 中应用的 V-trace 算法是一个通用的异策略算法，它比其他的异策略修正方法有更稳定和鲁棒的表现。IMPALA 作为第一个在大规模的多任务设定中取得成功的算法，不仅有助于研究者们构建更好地深度强化学习模型，而且有巨大的潜力去应对更复杂的挑战。

第三部分

应用实践篇

9

深度强化学习在棋牌游戏中的应用

　　游戏一直以来都是人工智能研究领域重点关注的方向，被视为人工智能通往更广泛应用的试金石。提到游戏中的人工智能，人们往往会想到游戏中的电脑角色，作为游戏的一个重要组成部分，它们总是因为不够"聪明"而被玩家嫌弃。随着强化学习的发展，越来越多的游戏用强化学习来对游戏角色建模，游戏角色渐渐达到了人类顶级玩家的水平。这无疑给游戏开发人员提供了新的游戏设计思路。此外，强化学习应用其实不限于游戏中的非人类角色，在游戏的动画生成上也同样提供了全新的方法。本章简单介绍深度强化学习在游戏中的应用。

　　在游戏中往往会有一些角色像假玩家一样与玩家交互；也有可能是一些关卡的主角，给人类玩家提供挑战，这类角色称为非人类玩家（Non-Player Character，NPC）。这类角色通常需要具备像人一样玩游戏的能力，才能做到和人类共同游戏。但是很多游戏是很复杂的，制作这样的 NPC 并不容易。在传统的 NPC 制作中，通常使用有限状态机、行为树等这类规则系统，制作人员需要花费很大的力气去设计规则和调整参数。但是即便是花费大力气制作出来的 NPC，由于受限于规则复杂度和调参水平，也往往会产生行为模式单一、能力不够等问题。因此，如何低成本制作高水平 NPC 一直是困扰游戏制作者的难题。深度强化学习提供了一种新的思路，很容易应用在游戏的场景中。我们从传统的棋盘类游戏和电子游戏两个类别，介绍深度强化学习的具体应用。

9.1 棋盘类游戏

9.1.1 AlphaGo: 战胜人类围棋冠军

自人类文明诞生以来，人类发明了数不清的游戏，其中经久不衰的游戏要属棋盘类游戏。像象棋、围棋这些棋盘类游戏的代表，饱含了人类的思想哲学，曾经一度被认为是人类智慧的结晶，水平高超的棋手也常常被认为是拥有大智慧的人。同样，机器能够出色地下棋往往被认为是具有智能的标志。随着研究人员多年的努力，IBM 制造的"深蓝"象棋机器人终于在 1997 年第一次击败了当时的世界冠军 Garry Kasparov [12]。但是"深蓝"的成功主要依赖于计算性能的提升，对于象棋的理解更多地来自暴力搜索。这种方法在面对像围棋这样更复杂的游戏时就用处不大了：因为象棋每一步大概只有 40 种可能性，而围棋则会高达 250 种，围棋棋局排列组合数的量级高达 10^{75} 种。

伴随着机器学习技术的快速发展，DeepMind 公司开发的 AlphaGo 利用全新的机器学习技术终于在 2016 年以 4:1 的总比分击败了围棋世界冠军李世石，这成为人工智能历史上的里程碑[61, 64]。

AlphaGo 利用了一个价值网络来评估盘面的局势，以及一个策略网络来进行落子的选择。这两个网络通过深度学习的方式，从人类专家棋手的数据中学习，随后通过强化学习自我对弈进行增强。在没有预先搜索的情况下，仅仅使用网络就可以达到通过搜索数千局随机游戏才能够达到的最佳水平。再进一步通过结合搜索技术和这两个网络，大大增强了模型的棋力。这就是 AlphaGo 的基本算法原理。

下面我们先来介绍如何构建价值网络和策略网络。

我们将策略网络记为 p_σ，它利用大量人类专家棋手的数据，通过监督学习的方式来训练。网络的结构比较简单直接，通过卷积神经网络和 ReLu 相连接，最后通过一个 Softmax 层输出对于所有合法动作 a 的概率分布。训练方式采用的是传统深度学习的随机梯度下降方法。数据以

(s, a) 的形式被随机采样，然后最大化在状态 s 下人类选择动作 a 的似然概率

$$\Delta\sigma \propto \frac{\delta p_\sigma(a|s)}{\delta\sigma}$$

AlphaGo 中这个网络有 13 层，可以在测试集上达到 57% 的准确率。越大的网络可以取得越好的精度，但是在搜索时进行预测则会越慢。因此 AlphaGo 还用线性的 Softmax 训练了一个更小的网络 p_π，虽然精度比较差，但是速度从 3 毫秒提升到了 2 微秒。

有了带有人类专家先验知识的策略网络，接下来就是用强化学习不断提升这个策略网络。我们将强化学习的策略网络记为 p_ρ，它的网络权重是用前面策略网络 p_σ 的权重初始化而得到的。通过用网络 p_ρ 与随机从之前训练轮次挑选出的模型进行对战，我们将奖赏函数 $r(s)$ 设置为所有非结束状态为 0，当状态为结束状态 s_T 时，奖赏为 z_t。从当前玩家的角度来看，胜者 $z_t = 1$，负者为 $z = -1$。权重以最大化期望奖赏为目标，依据随机梯度下降的方法来更新

$$\Delta\rho \propto \frac{\delta \log p_\rho(a_t|s_t)}{\delta\rho} z_t$$

经强化学习提升后的策略网络对战原始的监督学习得到的策略网络，大概可以获得 80% 的胜率。

接下来我们介绍一下价值网络是如何构建的。价值是指在某个特定的棋面 s 下，使用策略 p 对战会获得多大的收益，即

$$v^p(s) = \mathbb{E}[z_t|s_t = s, a_{t\dots T} \sim p]$$

我们期望能够知道在最完美的策略下棋面的价值是多少，但是完美策略是很难获得的。因此这里采用一个价值网络来估计 $v_\theta(s)$。这个网络和策略网络采用类似的架构，但是输出一个单一的预测值，而非一个动作概率分布。训练的方式则是对状态-价值的样本 (s, z) 使用随机梯度下降方法最小化预测值 $v_\theta(s)$ 和对应真实价值 z：

$$\Delta\theta \propto \frac{\delta v_\theta(s)}{\delta\theta}(z - v_\theta(s))$$

由于后续的棋面有很强的关联性，但是回归的目标却是针对整个比赛的，因此简单直接地从完整的比赛数据集中学习会导致过拟合。为了克服这个问题，AlphaGo 采用了一种自我对弈的模式，每场比赛都有强化学习策略网络与自己对弈直到比赛结束，以此产生的数据来进行学习。这个估计可以达到使用策略网络进行搜索估计出来的准确率，并且大幅减少了计算量。

在有了价值网络和策略网络的基础上，我们介绍一下 AlphaGo 是如何通过将传统搜索技术与深度学习结合起来，从而进一步增强模型能力的。这个算法的流程如图 9.1 所示。

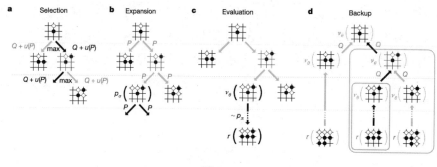

图 9.1

搜索树中的每个节点都包含由合法的动作 $a \in \mathbb{A}(\sim)$ 组成的边 (s,a)，每条边存有一组统计量

$$\{P(s,a), N_v(s,a), N_r(s,a), W_v(s,a), W_r(s,a), Q(s,a)\}$$

其中 $P(s,a)$ 是先验概率，$W_v(s,a)$ 和 $W_r(s,a)$ 是分别针对 $N_v(s,a)$ 和 $N_r(s,a)$ 叶节点的评估和 rollout 的奖赏得到的总动作值估计。$Q(s,a)$ 是该边平均的动作值函数。

搜索算法首先选择使 $Q(s_t,a) + u(s_t,a)$ 最大的边，其中 $u(s,a) \propto \frac{P(s,a)}{1+N(s,a)}$，然后将此边展开，新的节点由策略网络 p_σ 进行处理，并且将动作输出的概率存储到先验概率 P 中，在模拟的结尾，叶节点通过两种方式进行评估：一是用价值网络 v_θ 进行评估，二是用策略网络 π 进行快速的比赛，然后计算最终的胜利者。叶节点更新完之后，动作值函数 Q

依据在该节点下子树的所有 $r(\cdot)$ 和 $v_\theta(\cdot)$ 的均值来更新：

$$N(s,a) = \sum_{i=1}^{n} \mathrm{I}(s,a,i) \qquad Q(s,a) = \frac{1}{N(s,a)} \sum_{i=1}^{n} \mathrm{I}(s,a,i) V(s_L^i)$$

其中 s_L^i 是第 i 次模拟的叶子节点，$\mathrm{I}(s,a,i)$ 表示边 (s,a) 在第 i 次模拟被遍历到。当搜索完成时，算法会从根节点选择被访问次数最多的节点。

AlphaGo 在搜索树上把原先需要通过反复搜索尝试来估计的部分，用深度神经网络替代，一方面缩小了搜索的空间、减少了搜索的时间，另一方面提升了刻画棋局的泛化能力。这是第一次在围棋这样的游戏上，有了高效的落子预测和位置评估的方法。这使得原先搜索方法的性能得到了大大的优化。最终这一版的 AlphaGo 击败了欧洲的围棋冠军 Fan Hui，并且通过更多的训练和调优，以总比分 4:1 的成绩战胜了世界冠军李世石。

虽然这个版本的 AlphaGo 战胜了世界冠军，但是它在下棋的过程中也暴露出一些明显的缺点，它的能力并未得到围棋业界人士的公认。另外，这一版本的 AlphaGo 也使用了大量的人工经验和知识来调参，并不能算是一个很理想的机器智能。但是随后 DeepMind 再接再厉，继续优化 AlphaGo，没有使用任何人工知识，反而进一步提高了棋力。这究竟是怎么做到的呢？下面我们就来剖析一下 AlphaGo Zero。

9.1.2 AlphaGo Zero: 不使用人类数据，从头学习

AlphaGo Zero 实际上使用的是一种策略迭代的强化学习算法，在策略迭代的过程中，使用了蒙特卡罗树搜索（Monte Carlo Tree Search，MCTS）算法来改进策略和评估策略。MCTS 可以得到比神经网络原始输出概率更强的走子概率。用 MCTS 走子，然后将最后赢家的走子数据作为值函数的样本来更新神经网络的权重，在下一次迭代过程中使用更新后的神经网络权重执行更强大的搜索，进行质量更高的自我对弈。

该算法如图 9.2 所示，它的输入包括棋盘的局面信息和历史记录，以

及当前需要执棋的颜色。这些信息都用 19×19 的棋盘原始图像表示，不需要额外的特征工程。在随机初始化网络权重后，就可以开始整个训练流程，整个算法需要若干次迭代。在每轮迭代中，会以 t 计数开始游戏，直到当两名棋手都放弃走子、或者搜索值降到指定的阈值之下、或者游戏达到了最大步数时才停止循环。每一步会用 MCTS 执行搜索过程，搜索中会使用上一轮迭代版本的神经网络参数 $f_{\theta_{i-1}}$，在搜索树上的每一条边 (s, a) 都会存储一个先验概率 $P(s, a)$、一个访问次数的计数 $N(s, a)$ 和动作值函数 $Q(s, a)$。然后按照 MCTS 的流程选择、扩展、评估、备份。搜索完成之后，MCTS 就会返回搜索到的出子概率 $\pi \propto N^{1/\tau}$，其中 N 为从根节点开始每个移动操作的访问次数，τ 是控制退火的参数。通过在状态 s_t 进行 MCTS 可以得到搜索概率 π_t，从搜索概率 π_t 中采样一个动作去执行，转移到下一个状态 s_{t+1}。如此反复打完一局之后，就将这场比赛中胜者的数据搜集存储为 (s_t, π_t, z_t)，用来训练神经网络。神经网络损失函数的目标主要就是最小化预测的值估计 v 和自博弈最后的赢者 z 之间的误差，并且最大化神经网络的预测的动作概率 p 和搜索概率 π 之间的相似度。具体而言，该目标即通过梯度下降针对神经网络中的 θ

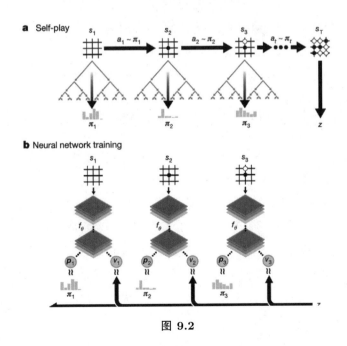

图 9.2

求解如下损失函数:

$$l = (z - v)^2 - \pi^{\mathrm{T}} \log p + c||\theta_i||^2$$

l 将均方差和交叉熵损失加合,其中 c 是控制正则化的参数,防止过拟合。

在实际使用中,MCTS 大概会进行 1600 次的模拟,图 9.2 和图 9.3 展示了这个过程。

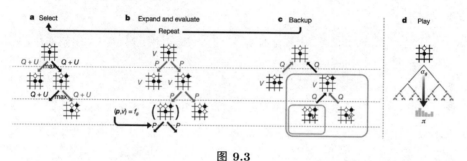

图 9.3

最终通过接近 40 天的训练,AlphaGo Zero 达到的棋力水平如图 9.4 所示。

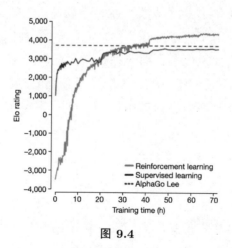

图 9.4

AlphaGo Zero 和第一个版本 AlphaGo Fan 的区别如下。

（1）AlphaGo Zero 纯随机开始,完全通过自我博弈学习,没有使用任何人类的数据。而 AlphaGo Fan 利用了大量人类对弈的棋局进行网络训练;

（2）AlphaGo Zero 直接用棋盘作为输入，用深度神经网络直接处理，没有用任何人工特征；

（3）相比之前单独使用策略网络和价值网络，AlphaGo Zero 用单个网络来同时表征策略和价值。而 AlphaGo Fan 使用了两个结构相同但独立的网络：策略网络和评价网络。通过大量观察人类历史棋局，训练出策略网络，在每个盘面下都能预估出最有可能的落子位置，评价网络则是根据当前的局势预测最后的胜负情况；

（4）AlphaGo Zero 的局面评估采用了神经网络，MCTS 用走子采样，而非蒙特卡罗的模拟（Rollout）。

改进后，AlphaGo Zero（算法流程如 Algorithm 9 所示）在 2017 年完胜了世界排名第一的棋手柯洁，它的棋力也得到了围棋界的公认。这是深度强化学习在棋盘类游戏上一个非常成功的应用。

9.1.3　AlphaZero：从围棋到更多

AlphaGo Zero 不依赖于人类数据，把局面落子情况直接作为网络的输入，由随机的网络权值直接开始强化学习，舍弃快速走子网络、直接用主要的神经网络模拟走子，加快训练速度，取得了非常好的结果。但是 AlphaGo Zero 只适用于围棋，不能胜任其他棋类游戏。DeepMind 的研究人员希望能够让模型更加通用，不仅可以下围棋，还可以玩国际象棋、日本象棋等。

一直以来的 AI 研究和工程中，实际上都考虑了游戏的具体设定。比如 AlphaGo Zero 中实现策略和价值两个网络的带有残差的 CNN 网络其实刚好就利用了围棋的一些特点：（1）比赛规则是平移不变的，这和卷积神经网络的共享权值相吻合；（2）棋子的气和卷积网络的局部结构相吻合；（3）整张棋盘是旋转、对称不变的，在训练中可以方便地运用现有的数据增强和组合方法；（4）动作空间简单，只需要在一个位置落单一类别的棋子；（5）结果空间简单，要么是赢，要么是输，没有平局。而其他的游戏可能会有完全不同、更加复杂的设定。比如在国际象棋和日本象棋中，走子高度取决于当前的子所在的位置，而每个子又有各自

Algorithm 9 AlphaGo Zero

Require：

以 19×19 的图像形式提供原始棋盘的位置表示，棋盘历史记录以及将要下子的颜色、游戏规则、评分函数

在旋转和翻转时游戏规则需要有不变性，除了贴目的情况，在颜色转换的情况下也需要有不变性

Ensure：

p：策略，即动作概率，v：值估计值，随机初始化神经网络的权重 θ_0

1: **for** $i \in 1, 2, 3, \cdots, M$ **do**

2: 初始化状态 s_0

3: **for** $t \in 0, 1, \cdots, T$ **do**

4:   **while** 还有计算资源 **do**

5:    选择：每次模拟通过选择博弈树中具有最大置信区间上界 $Q(s, a) + U(s, a)$ 的边去遍历，其中 $U(s, a) \propto P(s, a)/(1 + N(s, a))$

6:    扩展与评估：展开叶子节点，其对应的 s 通过神经网络评估 $(P(s, \cdot), V(s)) = f_{\theta_i}(s)$，这里 P 的值会被储存在 s 的出边上

7:    备份：每条在模拟过程中被遍历到的边 (s, a)，将访问次数 $N(s, a)$ 增加，并且将动作值函数更新到这些模拟中得到的平均值 $Q(s, a) = 1/N(s, a) \sum_{s'|s, a \to s'} V(s')$，其中 $s'|s, a \to s'$ 表示在状态 s 采取动作 a 之后，模拟最终到达了状态 s'

8:   **end while**

9:   进行游戏：当搜索完成会得到一个搜索概率 $\pi \propto N^{1/\tau}$

10: **end for**

11: 对游戏评分给出最终的胜负奖赏 $r_T \in \{-1, +1\}$

12: **for** 上一局比赛中的每一步 t **do**

13:   $z_t \leftarrow \pm r_T$，从当前玩家角度的游戏胜利者

14:   储存数据三元组 (s_t, π_t, z_t)

15: **end for**

16: 从自我博弈之前的迭代轮数中均匀地采样数据 (s, π, z)

17: 训练神经网络 $(p, v) = f_{\theta_i}(s)$

18: **end for**

不同的走法；（6）棋盘的局势是不可旋转、不可镜像的，这会影响行棋的方向。

为了能够在棋类游戏中进行通用的训练，DeepMind 的研究人员

提出了 AlphaZero，保留了 AlphaGo Zero 中的一些优点：不需要人工特征、利用深度神经网络从零开始强化学习、利用蒙特卡罗树搜索、加快训练效率、减小网络估计的比赛结果和实际结果之间的误差。表 9.1 列出了 AlphaZero 和其他方法的效果比较。

表 9.1 AlphaZero 和其他方法的效果比较

游戏	白方	黑方	胜局数	平局数	负局数
国际象棋	AlphaZero	Stockfish	25	25	0
国际象棋	Stockfish	AlphaZero	3	47	0
日本象棋	AlphaZero	Elmo	43	2	5
日本象棋	Elmo	AlphaZero	47	0	3
围棋	AlphaZero	AlphaGo Zero	31	-	19
围棋	AlphaGo Zero	AlphaZero	29	-	21

AlphaGo Zero 是针对围棋设计的，围棋只有胜负两种结果，因此它在胜率的预计中只考虑了这两种情况。为了适用于更多棋类游戏，AlphaZero 对比赛结果的考虑更加多样化，包含了平局甚至其他结果。另外，由于围棋的棋盘是完全对称的，即具有旋转和镜像不变性，AlphaGo 在设计中利用这个特点做了数据增强的处理，为每个棋局做 8 个对称的增强数据，并且在蒙特卡罗树搜索中，也会对棋局先进行随机的旋转或者镜像变换。国际象棋和日本象棋显然是不对称的，因此这种数据增强的方法在 AlphaZero 中不再适用。AlphaZero 面向多种棋类游戏，但是它们都使用同一套超参数，并没有针对单独的游戏做超参数调整；只是在向策略中加入噪声（加大探索）时考虑了游戏的特点，即噪声的大小会根据每种棋类游戏的可行动作数目成比例缩放。

基于上述设计，DeepMind 的研究人员用同样的算法设定、网络架构和超参数，分别训练了国际象棋、日本象棋、围棋的三个 AlphaZero 实例。以 Elo 为标准进行考察的话，AlphaZero 在未完成全部的 70 万步训练之前，就已经在这三种棋类游戏上打败了之前表现最好的模型或程序：国际象棋上的 Stockfish、日本象棋上的 Elmo 和围棋上的

AlphaGo Zero。从两两对战的实际表现上看，AlphaZero 在国际象棋中面对 Stockfish 未输一局，在日本象棋中共输 8 局，而在围棋上对 AlphaGo Zero 的胜率达到了百分之六十，如表 9.1 所示。

9.2　牌类游戏

AlphaGo 及之后的系列改进在棋类游戏中取得耀眼成绩，达到了人类的顶尖水平，由于公认围棋的难度在棋类游戏中是较高的，这也意味着目前的棋类游戏大都可以使用深度强化学习技术。

牌类游戏与棋类游戏存在明显的不同，其的人工智能研发也会更加困难。首先，棋类游戏的信息是完备的，各方的棋子放在哪里，手上还有多少棋子是非常明确和清楚的；但牌类游戏则完全不同。以麻将为例，一共 136 张牌（有些玩法不是），每个玩家只能知道自己手中的十几张牌和所有人已经打出来的牌。这意味着多人的非完美信息的博弈，玩家需要根据众多的隐藏信息来决策。其次，牌类游戏的玩法和计分规则更加复杂，相对于围棋单局胜负的规则，麻将的有些玩法会在一轮中有多局计点的概念，有些高手会策略性地输掉一些局，而不一定每局都赢。再次，除了正常出牌，麻将还有吃碰杠等操作，会影响所有人拿牌的顺序，并极大影响最终比赛结果。为了在牌类游戏中研发出更加聪明、水平更高的人工智能，微软亚洲研究院的研究人员提出了 Suphx，它在国际知名的麻将对战平台"天凤"上取得了十段的成绩，实力超越该平台公开房间顶级人类选手的平均水平[38]。

9.2.1　Suphx 的五个模型

如前所说，麻将中存在很多丰富的场景和动作，比如吃牌、胡牌、开杠等，这些操作存在明显差异，会对游戏产生很大影响。Suphx 为了解决这个问题，分别训练了丢牌模型、立直模型、吃牌模型、碰牌模型以及杠牌模型，另外针对在可以赢牌的时候选择不赢（考虑到积分）的行为，也设定了规则。

这五种模型都使用 CNN 建模，结构上也大体相同，但是在输入输出上存在一定的差异。具体到模型输入上，主要包括两大类信息：一是当前能够观测到的信息，比如玩家自己的牌、已经公开的牌，以及每个玩家的得分、段位、座位等。二是关于未来的预测信息，比如还需要哪些牌就可以胡牌，可以赢多少分等。

9.2.2　Suphx 的训练过程和算法优化

宏观上来说，Suphx 的训练过程可分为如下三个阶段。第一阶段，利用天凤平台的高手游戏数据，训练上面的五种模型，取得基准效果；第二阶段，基于上述基础模型，继续进行自我博弈，提升模型的效果；第三阶段，将模型放到线上，进行实时的自适应训练进一步提升模型能力。

麻将的玩法和计分规则非常复杂，这使得奖励的设定变得困难。如果仅以单独一局胜负作为奖励的话，不但会有奖励稀疏的问题，还会有正确性的问题，因为并不是每一局都以胜利为目标，也就是说麻将的奖励信号需要考虑一轮的整体情况。为了解决这个问题，Suphx 使用模型来预测奖励，称为全局奖励预测器。全局奖励预测器是使用递归神经网络 (GRU)，根据本局和之前所有局的信息来进行预测的。模型训练采用了天凤平台上高手玩家的游戏数据，以便拟合人类行为。

对于麻将这种非完备信息的博弈，一个动作的好坏往往很难评价。比如当前扔掉三万或者七万究竟哪个更好？这和其他玩家的牌以及还没被抓到的牌都有关系。为了加速训练，Suphx 使用了"先知教练"的方法，即让其可以看到所有的牌，并对其进行训练。基于所有的信息，"先知教练"很容易成为麻将高手。之后，Suphx 会逐渐增加掩码（mask），减少先知教练所能拿到的其他信息，逐步过渡到正常的人工智能。之后，再继续训练这个人工智能，逐步提高它的能力。

9.2.3　Suphx 的线上实战表现

经过上述优化后，Suphx 的麻将人工智能在天凤平台上与真实的人类玩家进行了对战。在对战了 5000 场以后，它最后达到的段位是 10 段，安定段位是 8.7 段，超过了天凤平台上另两个知名 AI 的水平和人类顶尖玩家的平均水平。表 9.2 展示了 Suphx 在对战中的统计数据，包括 1/2/3/4 位率、胡牌率以及点炮率。可以发现 Suphx 特别擅长防守，它的 4 位率和点炮率（deal-in rate）非常低。

表 9.2　Suphx 线上真实对战的表现

	第一名	第二名	第三名	第四名	胜率	点炮率
Bakuuchi	28%	26.2%	23.2%	22.4%	23.07%	12.16%
NAGA	25.6%	27.2%	25.9%	21.1%	22.69%	11.42%
Top Human	28.0%	26.8%	24.7%	20.5%	-	-
Suphx	29.3%	27.5%	24.4%	18.7%	22.83%	10.06%

Suphx 在麻将上取得了很好的效果，证明强化学习应用于牌类游戏是非常有效的。除了麻将，也有一些研究人员尝试利用深度强化学习来玩扑克，比如玩斗地主[31]，玩德州扑克[11] 等，都取得了不错的成绩。

10

深度强化学习在电子游戏中的应用

随着计算机的快速发展，游戏的形式也逐渐发生了巨大的变化。计算机提供的强大计算性能使游戏开发者能够设计出各种画面逼真、玩法多样的游戏，这些游戏的表征比棋盘类游戏更加复杂，基本上很难通过简单的代码来模拟，需要真实的游戏软件来运行。因此，这类电子游戏天然地就会比棋盘类游戏有更高的仿真代价，虽然有些视频游戏难度并不比棋盘类游戏高，但是由于需要依靠游戏软件本身去运行，并不能直接套用很多在棋盘上使用的技术，因此也对算法提出了更高的要求。下面我们从两个类型不同、学习难度不同的游戏来了解深度强化学习是如何应用的。

10.1 研发游戏中的机器人

10.1.1 单机游戏

第一类是单机游戏。什么是单机游戏呢？其主要的特点在于玩家所玩的游戏内容都是游戏开发者预先设计好的内容，其中可能存在一些随机的因素，但不会针对玩家的游戏策略产生改变，或者说应对方式比较有限，因此游戏的环境可以认为是相对稳定的。结合前面介绍的知识，相信读者都能理解在这种情况下，强化学习是能够比较直接地训练出一个出色的玩游戏的智能体的：只要挑选合适的算法，让它在这个环境中不断试错即可。

这种单机游戏的应用，目前最常见的就是在 Atari 2600 平台上的游戏。Atari 是一家成立于 1972 年的计算机公司，他们在 1977 年发行的游戏机 Atari 2600 中涵盖了 Pong、Asteroids、Breakout 等不同类型的经典游戏，如图 10.1 所示。这些游戏一直备受广大玩家欢迎，这使得 Atari 在电子游戏历史上有着举足轻重的地位。几十年过去了，现在很多游戏中依然能看到当初 Atari 游戏的影子[46]。

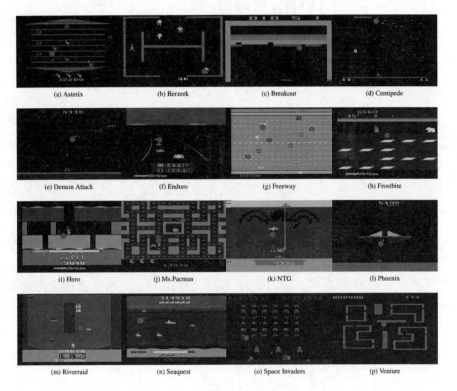

图 10.1

这类游戏的解决方案，简单来说就是将游戏画面作为强化学习的状态表示，游戏中的具体操作作为强化学习的动作输出，游戏里的得分作为奖赏反馈，运用异策略的算法不断从轨迹中选择优质样本进行策略更新，如图 10.2 所示。

值得一提的是，在大多数以 DQN 为基线解决 Atari 问题的工作中，在论文 *Deep Learning for Real-Time Atari Game Play Using Offline Monte-Carlo Tree Search Planning* 中提到的方法和前面提到的 AlphaGo

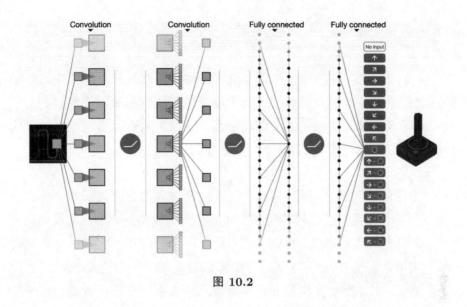

图 10.2

Zero 的方式有些接近（实际上 AlphaGo Zero 论文里也引用了这篇论文）。该论文关注如何提高回放内存中的数据质量。假如 Atari 的每一步都是可以仿真的，那么也可以像围棋那样使用蒙特卡罗树搜索的方法，得到每一步更佳的动作。这篇文章使用了一个开源的模拟器 Arcade-Learning-Environment 来做这件事，通过离线的蒙特卡罗树搜索来产生训练数据，然后交由 DQN 学习，这里的蒙特卡罗树搜索和 AlphaGo Zero 一样，都是深度强化学习的提升器。

10.1.2　对战游戏

第二类是对战游戏。对战游戏需要同时至少有两名以上的玩家参与，中间既有竞争，也有合作，具有很强的策略性。而且，由于对手不同，需要的应对策略也不同，整个问题的复杂度要远高于单机游戏。其实前面提到的棋盘类游戏也都属于对战类游戏，但是由于规则比较明确，并且游戏表示比较简单，因此解决起来相对比较容易。这类对战游戏规则往往比较复杂，比如大家熟悉的《星际争霸》《王者荣耀》等，不仅有绚烂的游戏画面，游戏本身的内容也比较丰富，还有数量庞大的技能、角色等。这使得很多运用在棋牌类游戏上的技术无法使用在这类游戏上，必须寻找新的技术。下面以复杂的《星际争霸》游戏为例，介绍在《星际争霸》的求解过程中，深度强化学习是如何发挥作用的。

　　《星际争霸》在游戏上被定义为即时战略游戏，特点是需要通过采集资源、建设基地、发展科技、生产单位最终达到消灭对手的目的。它包含的元素很多，这些元素在游戏中都是实时进行的，这对玩家的反应和操作能力的要求都非常高。下面具体了解一下它的难点。

（1）　多智能体问题：《星际争霸》可以被定义成多智能体问题。什么是多智能体呢？这里的智能体实际上有两层含义。一是玩家层面，比如我们现在已熟知的 AlphaGo 就是一个智能体。它能够从全局调用一切己方资源，与另一智能体相抗衡（另一台电脑或者人类玩家）。二是游戏元素层面，星际游戏中有很多单位（或者通俗一些说是小兵）供我们操作（比如采集资源、修建建筑、进攻等等），这些单位本身也可以看成是一种智能体，因为它们要不断决策：决定什么时候、在什么地方、做什么事情。即使我们只考虑一对一的情况，玩家也需要考虑如何协调上百个单位完成目标，本身仍是一个多智能体问题。

（2）　不完全信息博弈：《星际争霸》中存在战争迷雾，也就是己方的单位是具有视野范围的，视野范围之外的情况是未知的。因此假如没有侦查的话，无法知道对方在进行什么操作。但侦查是有风险的，一方面对方可能会杀掉侦查单位，另外一方面可能会做一些假操作来迷惑己方。

（3）　状态、动作空间巨大：《星际争霸》是 3D 电子游戏，游戏场景非常复杂，有很多炫酷的特效；游戏的场景变化也是连续的。围棋棋局的描述，可以用简单的网络表示，并且每个状态都是离散的。《星际争霸》的状态表示要复杂得多，状态空间也远比围棋要大得多。在动作空间方面，围棋只需要考虑在棋盘什么地方下子，总共只有两百多种选择，比如 Atari 只有一个摇杆几个按键，操作相对都是非常简单的。但是在《星际争霸》里，需要操作的单位非常多，比如需要控制单位的移动和攻击，每种单位可能又有特殊的技能，还需要控制技能释放的时机、对象或者范围。

（4）　节奏快，时间长：一局《星际争霸》可能会持续十几分钟到一个小时，包含成千上万帧的数据和操作，这使得模型不得不在一个很长的序列中学习决策，而且每一步决策都需在较短时间内完成。这对算法学习提出了很高的挑战，因为强化学习需要依据最终的反馈学习，长序列会使得反馈信号非常稀疏，导致学习效率非常低。

面对这个问题，DeepMind 再次给出了解决方案——AlphaStar，又一次击败了顶尖的人类玩家。下面简单地看一下 AlphaStar 是如何利用深度强化学习的[72]。

AlphaStar 按照图 10.3 的 MDP 进行建模，它观察全局地图和所有单位的信息，状态包括历史上所有的观测和动作，即 $s_t = (o_{1:t}, a_{1:t})$。为了能够更好地捕捉观测中的重点内容，观测内容都会使用自注意力机制处理；为了解决部分观测的问题，使用了能够对时序信息进行建模的 LSTM（Long Short Term Memory）网络。动作被建模成若干部分：动

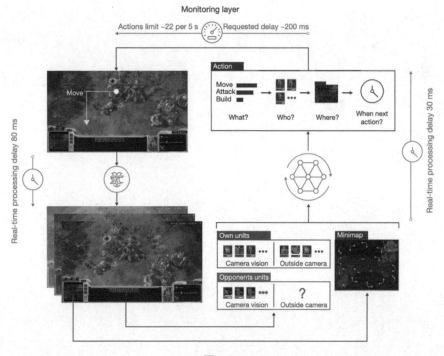

图 10.3

作的类型、动作执行者、动作的目标及下一次动作的时间；动作会被发送给监控层来控制动作速率。

第一步，首先利用人类的数据进行监督学习的训练，训练目标是拟合观测到动作输出的概率，希望模型预测的动作概率与人类数据统计的 KL 散度尽可能小。

第二步，使用强化学习作为策略优化器来最大化模型能够取得的胜率，强化学习采用的是一种类似 Advantage Actor-Critic 的结构，并且增加了经验池来增加数据的利用率，因此算法是一个异策略的算法。为了减少由 Actor 产生的动作和 Learner 计算梯度之间的滞后，使用了 V-trace 的方法来处理这些异策略的数据。具体来说 V-trace 定义为

$$
\begin{aligned}
v_s &\overset{\text{def}}{=} V(x_s) + \sum_{t=s}^{s+n-1} \gamma_{t-s}(\Pi_{i=s}^{t-1} c_i)\delta_t V \delta_t V \\
&\overset{\text{def}}{=} \rho_t(r_t + \gamma(V(x_{t+1} - V(x_t)))\rho_t \\
&\overset{\text{def}}{=} \min(\bar{\rho}, \frac{\pi(a_t|x_t)}{\mu(a_t|x_t)})c_i \\
&\overset{\text{def}}{=} \min(\bar{c}, \frac{\pi(a_i|x_i)}{\mu(a_i|x_i)})
\end{aligned}
\tag{10.1}
$$

其中 μ 为行为策略。V-trace 在前面的 IMPALA 算法中提过，这里简单回顾一下，其定义为

$$
v_s \overset{\text{def}}{=} V(x_s) + \sum_{t=s}^{s+n-1} \gamma^{t-s}(\prod_{i=s}^{t-1} c_i)\delta_t V
\tag{10.2}
$$

其中 μ 为行为策略，$\delta_t V \overset{\text{def}}{=} \rho_t(r_t + \gamma V(x_{t+1}) - V(x_t))$ 是值函数 V 的时序差分。$\rho_t \overset{\text{def}}{=} \min(\bar{\rho}, \frac{\pi(a_t|x_t)}{\mu(a_t|x_t)})$ 和 $c_i \overset{\text{def}}{=} \min(\bar{c}, \frac{\pi(a_i|x_i)}{\mu(a_i|x_i)})$ 是截断的重要性采样权重。使用 V-trace 的算法梯度更新方向为

$$
(v_s - V_\theta(x_s))\nabla_\theta V_\theta(x_s)
$$

策略参数 ω 的更新为

$$
\rho_s \nabla_\omega \log \pi_\omega(a_s|x_s)(r_s + \gamma v_{s+1} - V_\theta(x_s))
$$

为了缓解奖励稀疏的问题，使用了 TD(λ) 技术，并且用了一个新的自我模仿学习（self-imitation learning）的技术 UPGO（Upgoing Policy Update），它会按如下的方向更新策略参数：

$$\rho_t(G_t^{\mathrm{U}} - V_\theta(s_t, z))\nabla_\theta \log \pi_\theta(a_t|s_t, z) \tag{10.3}$$

$$y_j = \begin{cases} G_t^{\mathrm{U}} = r_t + G_{t+1}^{\mathrm{U}}, & \text{if } Q(s_{t+1}, a_{t+1}, z) \geqslant V_\theta(s_{t+1}, z) \\ r_t + V_\theta(s_{t+1}, z), & \text{otherwise.} \end{cases} \tag{10.4}$$

这个方法使得如果有一个好于平均的轨迹，那么在最后一步的奖励就会比较容易地传播到每一步，而不会轻易地衰减。

前面主要讲解了应用的强化学习算法，但是其中还有一个最关键的地方，那就是应用强化学习的环境。这里环境的内涵更丰富了，因为除了包括游戏本身，还包括对手。能否训练出一个比较强的策略其实很大程度上取决于对手的选择，俗话说"两个臭棋篓子越下越臭"就是这个道理。为了解决这个问题，AlphaStar 引入了联盟的机制，在联盟中有三种策略集合，分别称为 Main Agent、Main Exploiter、League Exploiter。它们的区别在于选择对手的机制不同，以此增加联盟中的策略多样性。

- Main Agent：选择所有过去的对手进行对抗，希望能够找到对抗历史上智能体分布的一个策略。
- Main Exploiter：只针对当前的 Main Agent，为的是找到当前策略的弱点。
- League Exploiter：针对所有 Main Agent 的历史版本，为的是找到当前联盟中的弱点。

联盟流程图如图 10.4 所示。

除此之外，AlphaStar 还给神经网络引入了一个先验概率 z，它主要从人类数据中学习得到，包含了各种建筑、单位、技能的建造升级顺序。通过 z 可以实现大幅度探索，避免学习卡在某个局部最优解中。

使用上述的算法，在 32 块 TPU 上训练了 44 天的模型最终能够在星际争霸游戏的战网上，随机进行比赛，每个种族进行 20 局比赛，取得了超过 99.8% 的人类玩家的得分。

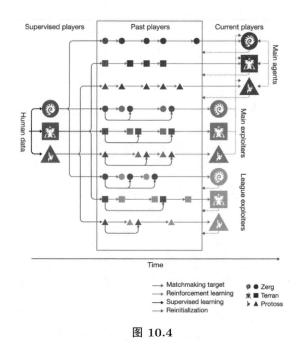

图 10.4

从上面的介绍可以看到，在这类比较复杂的游戏中，强化学习更多的是扮演某种指定策略的求解器，整个游戏的求解还需要依靠博弈论、多智能体等其他领域的方法。当然并不是每个对战游戏都像《星际争霸》这样复杂，但是都逃不掉对对手的策略建模的问题，单纯依靠深度强化学习已经不够了。不过，在整个求解过程中，深度强化学习依然是一个重要而有效的部件。

10.1.3　小结

在以往的游戏 Bot 或者 NPC 的设计中，开发者都会采用有限状态机、行为树等规则形式的构建方法，但是随着游戏的类型越来越复杂，玩家的水平越来越高，开发者已经越来越难构建出一个合格的状态机或者行为树。即使花了大力气构建出来，行为模式往往也很单一或者能力比较差，这极大限制了游戏的体验。由于游戏中少不了非人类角色，游戏开发者不得不考虑如何得到比较高质量的模型。深度强化学习提供了一种全新的游戏 NPC 的设计方式。它不需要人类玩家的数据就可以达到甚至超过人类玩家的水平，这种特点非常适合应用在游戏研发的过程中，在游戏上线之前就能制作完成游戏的 NPC。当然目前的技术依然有很大的进步空间，比如，对于复杂度比较高的游戏，使用深度强化学习是非常消耗计算资源的，甚至还需要结合其他技术才能真正制作出一个出色的游戏 NPC。这对于游戏开发的成本是比较大的挑战。除此之外，真正应用到游戏上，还需要考虑拟人性（不能出现非人的操作）、能力分级（需要有不同能力的模型去适配不同能力的玩家）等问题，这些并不是目前的深度强化学习技术可以解决的。

10.2 制作游戏动画

前面主要介绍了深度强化学习在设计游戏 Bot 或者 NPC 中能够起到的作用，实际上在游戏制作中，还有一个非常重要的部分：角色动画。这个部分甚至比制作 NPC 还重要，因为一个游戏也许可以不需要 NPC，但是只要游戏中存在角色，角色动画是必须有的，而且它的质量高低是决定游戏品质的重要指标。3A 级的游戏大作无一不在这个方向上投入了大量的研发资源。传统的动画制作通常是基于物理原理开发的，虽然可以为角色生成鲁棒、自然的动作，但是这些方法通常都需要非常专业的领域知识，深入到特定的场景中梳理控制结构，设计有限状态机或者动力学模型等。这使得尽管开发出来的角色动画能智能地完成某些特定任务，却无法扩展到更多动态的场景中。

利用深度强化学习，就可以既取得比较好的泛化性能，又能得到更自然的动作[51]。下面我们介绍 DeepMimic 提出的一个深度强化学习的框架，它使游戏角色能够从人类动作捕捉的参考运动片段中学习到和人类动作几乎难以区分的高难度动作[50]。

单纯使用强化学习可能会由于奖赏设计不合理，导致动画出现一些非常不合理或者不自然的动作，因此考虑引入人类的数据来驱动。在此之中，强化学习策略是通过模拟人类示范的运动来训练的。智能体的训练目标就是再现给出的参考运动。假设依照姿态的顺序参考的运动表示为

$$\hat{q}_0, \hat{q}_1, \cdots, \hat{q}_T$$

其中 $\hat{q}_t$ 是在 t 时的目标姿态，奖励函数设计为最小化目标姿态 $\hat{q}_t$ 和模

拟姿态 q_t 之间的最小均方误差

$$r_t = \exp[-2||\hat{q}_t - q_t||^2] \tag{10.5}$$

使用 PPO 对目标进行优化，可以开发出如移动、杂技、武术、跳舞等高难度动作。

除了奖赏设计，算法还做了两项针对性的优化：参考状态初始化和提前终止。

假如智能体尝试模仿后空翻，通常它必须先观察到成功的后空翻数据才能知道哪些状态能够得到高的奖赏，但是由于后空翻对于起跳和着地的初始条件都很敏感，在随机探索中，这并不太容易达成，因此导致成功的样本非常稀少，学习非常困难。为了缓解这个问题，算法把智能体的位置初始化到参考动作中随机采样到的状态，即使不知道如何达到这些中间状态，智能体也能学习到从哪些状态能获得更好的奖励。这就是参考状态初始化的技巧。

提前终止主要用于提高仿真效率。如果智能体困在某个状态中，不再可能成功学到目标动作了，那么我们应该提前终止这次模拟。仍然以后空翻为例：如果不采用提前终止技巧，那么在学习的早期，策略往往是非常糟糕的，智能体一旦摔倒，就很难恢复到原来的状态中，它会把大量时间浪费在地上挣扎，极大影响学习效率。

10.3 其他应用

用深度强化学习来玩游戏，制作游戏内的 Bot 或 NPC 是最自然的应用，业界已有一定的积累。角色动画的生成也是目前学术界和游戏工业界都很关注的问题，将强化学习与一定量的参考动作结合，可以生成具有一定质量的动画序列，提高游戏开发的效率。除此之外，深度强化学习也能应用到游戏的智能化运维、精细化运营中。

游戏内存在大量个性化推荐的场景，很多游戏中都有商城提供购买道具等增值服务。不同的游戏阶段，打法不同、玩家购买力不同，都会导致玩家对游戏内道具的需求和偏好有所不同，因此道具的推荐是必须的。可以通过朋友圈广告、微信游戏、QQ 游戏、QQ 游戏大厅、

WeGame 平台等多种方式推广游戏来触达用户，这也意味着需要给用户合适的推荐，才能提升用户体验，增加转化率。

除此之外，游戏中还有其他广泛的场景。有些游戏中存在智能对话机器人，能够在游戏过程中与玩家互动、解答玩家疑问。比如腾讯推出的知几人工智能伴侣。实际上，现在有不少工作正是应用深度强化学习来训练对话系统的，并在多轮对话的场景下取得了不错的效果。另外，在游戏的研发历程中，往往需要经过多轮测试，如果在复杂游戏中用纯人工的方式测试，则费时费力，代价很大，一些现有的自动化工具也仍然有很多问题。一种自然的方式是利用深度强化学习的方法训练一个游戏内机器人，并调整相关目标和参数，让机器人在游戏的场景下进行各种探索和尝试，触发相关异常，对游戏进行测试。

11

深度强化学习在推荐系统中的应用

互联网的爆炸式增长产生了大量数据，在给用户带来大量内容产品的同时，也加剧了信息过载问题。因此，如何在合适的时间和地点识别出满足用户信息需求的对象越来越重要，这促使了三种具有代表性的信息搜索机制的诞生，即搜索、推荐和广告。搜索系统可以输出与用户查询匹配的一组对象；推荐系统可以根据一定规则或历史数据等生成一组与用户的兴趣偏好匹配的对象；广告机制类似于搜索和推荐，期望呈现的对象是广告。推荐系统目前应用得非常广泛，比如音乐 APP 中的"今日推荐"功能、视频网站中的"猜你喜欢"、购物网站中的"商品推荐"，乃至如今很火的短视频 APP 中的视频推荐等。

如何改进推荐的结果以更符合用户兴趣，增加用户点击率等一直都是推荐系统所努力的目标。但是，传统技术会面临一些共同的挑战，需要用新的方法解决。比如，传统方法总是以用户当前的反馈作为目标，像点击率（CTR）、收入和停留时间等，也就是说，只会最大化短期收益，而不会考虑所推荐的结果在长期中的影响。另外，传统方法会将整个系统作为一个静态的环境来求解，从以往的数据中得到相应的结果后，就固定地最大化利用，而不考虑这种人与系统交互过程中存在的动态变化。

近年来，深度强化学习技术获得了快速的发展，并在很多领域中得到了广泛应用，其中也有不少的工作是将其应用于推荐系统中的。一般而言，可以把整个系统与人交互的过程定义为环境，系统的引擎定义为智能体，所要优化的就是引擎的推荐策略。在这个过程中，智能体可以根据用户在交互过程中的实时反馈不断更新策略，并且可以利用强化学习的方法最大化长期回报。

11.1 适用的场景

11.1.1 动态变化

传统的推荐系统的技术，都是利用用户之前的数据离线训练，再将得到的模型放到线上进行预测的。这种方法有效的前提是用户的偏好稳定不变，即静态的。否则，根据之前的数据训练得到的模型与当前的情况显然会存在明显的差别。

强化学习方法的训练过程则采取与环境的交互来更新模型，这就意味着它天然地适合动态变化的设定。利用 MDP 的形式建模，用状态来描述用户当前的各种信息以表征其偏好，状态的转换则可以表达用户可能的偏好变化。具体地，可以将用户的长期属性和当前的实时属性及行为信息作为状态，推荐系统给出相应结果（即动作），再根据用户的反馈 (点击，跳过，购买等) 得到奖赏，同时转移到下一个状态。

11.1.2 考虑长期利益

通常的推荐系统都只考虑当前的一些指标，比如 CTR，并追求不断提高指标，以表示推荐系统的效果得到了提升。因此采取的训练方式就可能会是将系统之前做出的推荐结果、用户的特征和用户是否点击的情况联合起来作为训练样本。然而，CTR 提高并不总是代表着更好的结果，比如可能是推荐了太多标题党的文章，或者总是推荐类似的内容等。这就意味着当前的推荐系统并不利于获得长期利益，如用户的满意度、最终的转化率等。

同样地，强化学习本身的设定就是延迟奖赏，考虑更长期的利益获得，而非仅仅当前的瞬时奖赏。一个可能的简单形式是，在给推荐系统的问题建模时，除将一些立即可以得到返回的行为作为瞬时奖赏外，还将其他更长期且重要的行为作为结局奖赏，经过一定的参数调整后，系统可以综合考虑当前的指标与长期的利益。

11.2　淘宝锦囊推荐中的应用

11.2.1　淘宝锦囊推荐介绍

南京大学和阿里巴巴合作，在淘宝的锦囊推荐系统中应用了深度强化学习技术，并获得了推荐指标的提升[16]。在手机淘宝中，用户可以通过输入相应的查询来搜索自己想要购买的商品，系统会返回排序后的商品列表。用户的查询质量会极大影响最终发现满意商品的时间和机会。比如用户输入的只有"连衣裙"，搜索引擎会返回大量的可能结果，而实际上当前用户可能仅仅对其中"粉红色的连衣裙"感兴趣，那么有大量的商品结果是无效的，降低了用户找到满意商品的效率。

为了帮助用户细化查询的意图，淘宝增加了锦囊用于更细致地切分用户意图，比如当用户输入"连衣裙"后，可以在商品结果页中插入一个颜色类型的锦囊，里面提供比如粉红色、白色等选项让用户点击，当用户点击其中某个词后，就可以将它与原始的查询合并，得到一个更加具体的查询。锦囊的类型有很多种，比如细选，适用年龄等，如图 11.1 所示。

图 11.1

那么，是否在当前的页面下向用户展示锦囊，或者展示何种类型的锦囊？这是一个典型的推荐系统问题。在这个推荐系统中，需要利用用户的历史行为、当前的实时行为、本次的搜索需求等指标，提供合适类型的锦囊产品。同时，需要在不增加产品本身曝光度的前提下，提升用户的点击率，为用户的购物提供方便，如图 11.2 所示。

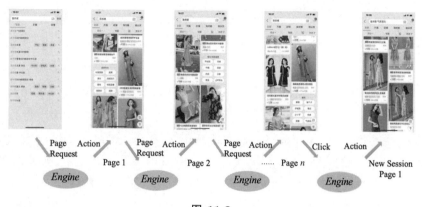

图 11.2

11.2.2 问题建模与推荐框架

为了利用用户的实时信息，并优化长期收益，可以利用强化学习对问题进行建模。强化学习通常会被建模成 MDP 的形式，其各个部分分别如下。

状态

用户在淘宝中会留下很多信息，其中有用户自身的一些属性，比如性别、年龄、地域等特征，也有其在淘宝上的浏览消费等行为的属性，比如购买力，商品偏好等。此外，也应当考虑查询和锦囊的属性，比如当前查询的类型，查询与锦囊类型之间的关系，用户对锦囊类型的偏好情况等。最后，还应该考虑用户当前的实时属性，比如用户当前的行为、页面编号、查看和点击的商品的特征等。该状态组成如图 11.3 所示。

图 11.3

动作

推荐系统的场景是决定在当前页面上给用户提供何种类型的锦囊产品，因此直接将类型的 ID 作为最后要预测的动作。所有锦囊类型的数量就是动作空间的大小，考虑到类型可能较多，需要在网络上做一些处理。

奖赏

奖赏的设定决定了整个系统的训练目标。系统的目标是能够在合适的时间给用户提供合适类型的锦囊，这也就意味着用户对锦囊的点击行为应是奖赏设定的来源。同时，锦囊作为一个导购类的产品，其最终目标应当是成功帮助用户找到想要的商品，这意味着因用户点击锦囊而发生的购买行为也是奖赏设定的来源。

具体地，在点击锦囊的设定上，要考虑用户对锦囊点击行为的发生时间和用户本身对锦囊的使用情况。在发生的时间上，如果用户在前面显示的页面就有点击行为，说明推荐的结果更加符合用户的需求，能够减少用户翻页的时间；而在很靠后的页面上再去点击，其意义相对来说要小一些，因此，我们设定了这样的奖赏形式：

$$r_1 = I \times (1 + \rho \times \mathrm{e}^{-x}) \tag{11.1}$$

其中，出现点击行为树时 I 取值为 1 否则为 0，x 为点击发生的页数，α 是一个参数。

用户自身对于锦囊这个产品的使用存在不同的差异，有些用户使用很多，有些使用较少。从这个角度上说，同样发生了点击行为，发生在很少使用锦囊产品的用户上，说明这次推荐更加准确、更有意义，应该给予更多的奖赏，因此有了下面的奖赏形式：

$$r_2 = I \times \mathrm{e}^{-y} \tag{11.2}$$

其中，y 表示用户在最近的 100 次 PV 中点击锦囊的次数。

成交行为上，主要从锦囊本身的导购属性出发，最终目的就是方便用户更快找到期望的商品并购买。这就意味着通过使用锦囊最终发生了成交，自然应当给予一定的奖赏，以促进交易行为，因此有了下面的奖赏形式：

$$r_3 = c \tag{11.3}$$

其中，发生交易则 c 为 1 否则为 0。最后，结合上面的三种奖赏即可得到：

$$r = r_1 + \alpha \times r_2 + \beta \times r_3 \tag{11.4}$$

α 和 β 是各自的权重，经过上述处理，就得到最终的奖赏设计。

11.2.3 算法设计与实验

分层采样池

在前面的章节中，我们提到，DQN 中使用了一个经验回放池来保存历史样本，并在之后的训练中从中随机采样进行训练。通过这样的处理，DQN 减少了样本之间关联性太强对训练造成的负面影响，提升了训练效果。然而在真实的推荐系统中，环境的动态变化更加复杂，一定时间内的用户分布情况可能与真实的用户分布不同，甚至存在特别大的差异。不同时间内的样本分布的差异会使最终估计的 Q 值波动较大，即存在很大的方差。为了解决这种环境中的动态变化带来的方差过大的问题，这个动作中使用了分层采样池的方法。

分层采样是一种概率采样的技术，是将整个样本划分成 L 份，再从每一份中抽取一定样本的方法。假设子集 l 中有 N_l 个样本，即 $\sum_{l=1}^{L} N_l = N$，且样本的值分别是 $X_{1l}, X_{2l}, \cdots, X_{N_l l}$。分层采样的方法就是从 l 中抽取 n_l 个样本，使得 $\sum_{l=1}^{L} n_l = n$，而不是直接从原始的样本中采样。l 上的均值和方差可表示为

$$\bar{X}_l = \frac{1}{n_l} \sum_{i=1}^{n_l} X_{il},$$

$$S_l^2 = \frac{1}{n_l - 1} \sum_{i=1}^{n_l} (X_{il} - \bar{X}_l)^2 \tag{11.5}$$

令 $W_l = \frac{N_l}{N}$ 和 $\mu_l = \frac{1}{N_l} \sum_{i=1}^{N_l} X_{il}$，则对整个样本而言，上述统计量可表示为

$$\bar{X}_S = \sum_{l=1}^{L} \frac{N_l}{N} \bar{X}_l = \sum_{l=1}^{L} W_l \bar{X}_l \tag{11.6}$$

$$\mathbb{E}[\bar{X}_S] = \sum_{l=1}^{L} W_l \mathbb{E}[\bar{X}_l] = \sum_{l=1}^{L} W_l \mu_l = \frac{1}{N} \sum_{l=1}^{L} \sum_{i=1}^{N_l} X_{il} = \mu \tag{11.7}$$

$$\text{Var}(\bar{X}_S) = \sum_{l=1}^{L} W_l^2 \text{Var}(\bar{X}_l) = \sum_{l=1}^{L} W_l^2 \frac{1}{n_l} (1 - \frac{n_l - 1}{N_l - 1}) \sigma_l^2 \tag{11.8}$$

其中，$\sigma_l^2 = \frac{1}{N_l} \sum_{i=1}^{N_l} (x_{il} - \mu_l)^2$，从式(11.8)中可以看出，如何分配 l 中抽取的样本非常重要，最终会影响方差的大小。

样本分配有两大类方法，分别是按比例分配和最优分配。最优分配需要用每个子集的方差来获得样本分配的大小，在很多情况下很难适用。按比例分配就是使得 $\frac{n_1}{N_1} = \frac{n_2}{N_2} = \cdots = \frac{n_L}{N_L}$，也就意味着 $n_l = n\frac{N_l}{N} = nW_l$。此时，可以得到

$$\begin{aligned}
\text{Var}(\bar{X}) - \text{Var}(\bar{X}_{SP}) &= \frac{1}{n} \left(\sum_{l=1}^{L} W_l \sigma_l^2 + \sum_{l=1}^{L} W_l (\mu_l - \mu)^2 \right) - \frac{1}{n} \sum_{l=1}^{L} W_l \sigma_l^2 \\
&= \frac{1}{n} \sum_{l=1}^{L} W_l (\mu_l - \mu)^2 \geqslant 0
\end{aligned} \tag{11.9}$$

即分层采样的形式能够有效降低方差。

在上述结论的基础上，这个工作提出将 DQN 中所使用的随机采样的形式替换为分层采样。具体地，利用用户一些固有的长期稳定属性来进行分层，之后这些样本仍然放回经验回放池，在使用样本的时候根据这些属性来抽取，而不是使用均匀随机采样。通过这种方式可以提高动态环境下的学习性能，减少数据分布变化带来的波动，降低奖赏估计的方差。

近似遗憾奖赏

除了上面提到的动态环境的变化，还存在其他一些影响的情形。比如，在淘宝上，不同时间段的 CTR 是变化的，这个并不受平台的搜索排序或者推荐策略影响，而是平台本身的固有属性。显然，这种变化会使得完全相同的推荐结果得到差异很大的奖赏，导致奖赏估计出现非常大的波动，令最终的学习效果变差。

为了解决这个问题，提出了近似遗憾奖赏的方法，即随机选择一些用户作为对照，利用之前训练的离线监督模型进行推荐，并按照同样的方法来计算其中的平均奖赏 r_b，以此为基准，将之前的奖赏与此作差来修正环境变化的影响。

实验结果

将原始的 DQN 算法与两种弥补环境动态变化影响的技术相结合，就得到了 Robust DQN 算法，如 Algorithm 10 所示。

将 Robust DQN 算法运用到淘宝锦囊推荐中，也取得了不错的效果，如图 11.4 所示。其中，DL 代表同样网络结构同样特征的一个离线训练的模型的表现，DDQN 则是利用 Double DQN 算法得到的结果，SSR 表示只在 DDQN 上采用分层采样池获得的表现，ARR 则是在 DDQN 上采用了近似遗憾奖赏的表现。从这个结果可以看出，DL 每天的表现都是最差的，而分层采样池和近似遗憾奖赏都有效地提高了表现。Robuts DQN 在结合了前面两种策略的基础上取得了最好的表现，证明它能够更好地适应淘宝零售交易平台这一真正高度动态的环境。

这里列举的只是深度强化学习在推荐系统中应用的一个例子，实际上，已经有很多成功案例。YouTube 就在视频推荐中使用了异策略的算法来进行 Top-K 的推荐，论文作者 Minmin Chen 也公开宣称线上实验效果显示这是 YouTube 单个项目近两年来最大的奖赏增长[14]。京东在京东商城上线了强化学习推荐，分别应用于 List-Wise，Page-Wise 等诸多推荐场景，取得了不错的效果[81, 80]。

Algorithm 10　Robust DQN 算法

Require:

$\mathcal{D}$：经验回放池，N_r：回放池最大尺寸

θ：初始的网络参数，θ^-：θ 的一份拷贝，

N_b：训练使用的 batch size，N^-：target 网络更新的频率

$r_{\text{benchmark}}$：实时更新的奖赏.

1: **for** 回合 $e \in 1, 2, 3, \cdots, M$ **do**

2:　**for** $t \in 0, 1, \cdots$ **do**

3:　　从环境中得到状态 s，动作 a，奖赏 r_{original}，下一状态 s'

4:　　计算近似遗憾奖赏：$r = r_{\text{original}} - r_{\text{benchmark}}$

5:　　将样本加到 (s, a, r, s') 回放池 $\mathcal{D}$ 中

6:　　**if** $|\mathcal{D}| \geqslant N_r$ **then**

7:　　　取代最老的一批样本

8:　　**end if**

9:　　利用分层随机采样方法来生成 minibatch 为 N_b 的样本 $(s, a, r, s') \sim \text{SRS}(\mathcal{D})$

10:　　为这 N_b 个样本分别建立一个目标值：

11:　　定义 $a^{\max}(s'; \theta) = \underset{a'}{\arg\max}\, Q(s', a'; \theta)$

12:　　$y_j = \begin{cases} r, & \text{如果 } s' \text{ 是终止状态} \\ r + \gamma Q(s', a^{\max}(s'; \theta); \theta^-), & \text{其他} \end{cases}$

13:　　利用损失函数 $\|y_j - Q(s, a; \theta)\|^2$ 来做梯度下降，更新参数

14:　　每间隔 N^- 步更新：$\theta^- \leftarrow \theta$

15:　**end for**

16: **end for**

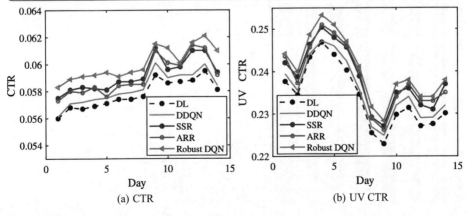

(a) CTR　　　　　　　　(b) UV CTR

图 **11.4**

12

深度强化学习在其他领域中的应用

相比在游戏和机器人领域中的广泛应用，强化学习在其他领域目前处于小试牛刀的阶段。但是除了前面章节提到的自然语言处理和推荐系统，强化学习在金融交易、无人驾驶和自动调参等需要决策的领域也有一些进展。我们期待，随着强化学习理论和算法的进一步发展，它能够在更多的应用场景中落地，发挥更大的作用。

12.1　在无人驾驶中的应用

无人驾驶技术主要分为两大部分，一部分是感知，主要通过各种传感器（激光、雷达、视觉等）感知周围环境；另一部分是控制和决策，主要通过感知到的周围环境来控制车辆运行，例如，左转、加速、避障等。端到端（End to End）的无人驾驶框架可以参考图 12.1。在感知这部分，深度学习的应用已经非常广泛，但现有的算法更多是进行目标的检测和跟踪，只能得到当前和过去环境的信息。实际上，驾驶时需要对环境进行实时推理和预知。在这个方向上，强化学习也被用来感知行人的行动（如是否过马路）、交通状态的预测[73, 48]。

规划（planning）和控制（control），更多通过状态机和决策树的算法来处理。但是这些算法很难解决现实世界中面临的各种状况，也很难保证实时性和稳定性。因此人们很自然地会考虑使用强化学习方法来突破现有控制决策的局限性。

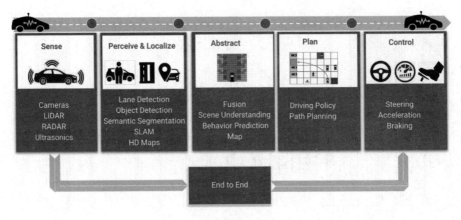

图 12.1

一部分研究者的想法是在无人驾驶控制的某些比较难以使用状态机建模的子问题上使用强化学习，而整体的控制框架仍然基于决策树。比如我们可以用强化学习来决定何时变道、何时超车以及保持车道稳定不抖动。

还有一些研究者专注于使用模仿学习来学习不同驾驶者的风格。模仿学习是在无人驾驶中应用强化学习的很重要的思路。如何利用少量的人类驾驶样本，让驾驶模型更好地收敛，其实是整个强化学习都希望解决的问题。当然，研究者的最终目标是要实现基于强化学习的端到端的系统。

在英伟达的论文中，模型可以控制汽车左转和右转，并通过一名人类司机在无人车中进行控制，如果模型的动作出了问题，司机可以纠正。这样，通过司机是否选择纠正，可以给予模型奖赏或惩罚。这相当于在强化学习中，Critic 的作用被一个真实的人类专家取代了。这样操作的成本是很大的，需要收集足够多的人类样本才能训练出一个可用的模型，并且模型的泛化性还不一定很好[9]。

无人车明星公司 Waymo 的思路也差不多，即通过人类样本来模仿学习，如图 12.2 所示。在真实世界完全依靠强化学习会面临车毁人亡的可能性。因此还有研究者尝试通过赛车游戏"侠盗赛车"（GTA）来训练无人驾驶模型，再切换到真实环境中继续训练。这样至少在真实环境下，模型不会在一开始的时候什么都不会[3]。英特尔也在 2017 年提出了无人驾驶车的城市环境模拟器 CARLA。

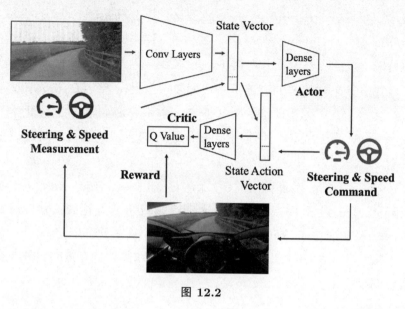

图 12.2

总体而言，在无人驾驶上真正应用强化学习面临许多问题。比如强化学习的样本利用率低，需要在真实世界跑大量的数据；泛化性比较低，如果进入了一个新的路况，可能就失去行驶能力。另外，无人驾驶的目标不仅是能够把车从目的地 A 开到目的地 B，还要考虑行驶过程的安全性、乘客的舒适度、花费的时间等。这些因素在某些程度上有可能还会相互冲突，因此要实现无人驾驶的目标还依赖于多目标强化学习的发展。

12.2　金融交易中的应用

应用强化学习的另一个场景是金融交易。金融交易很容易建模成一个 MDP 问题。我们可以把获取的市场信息作为状态，依据状态来决策，并得到回报，而这个回报不一定是即时的。

有些研究是用强化学习来预测股票价格（*Stock Price Prediction Using Reinforcement Learning*）或者直接进行交易（*Practical Deep Reinforcement Learning Approach for Stock Trading*）。更进一步，浙江大学的 Jiang Zhenyao 利用深度强化学习框架解决金融投资组合管理问题，

在某种加密货币的交易市场上，论文中提到的交易策略是其他策略收益的 4 倍（*A Deep Reinforcement Learning Framework for the Financial Portfolio Management Problem*）。研究者们在国内股票市场上对比了几个流行的深度学习算法，并取得了一定效果。

在业界最早吃螃蟹的应该是摩根大通。摩根在名为 *Business Insider* 的一篇文章中，声称实现了一个基于 Sarsa 和 Q-Learning 的强化学习实时交易系统。不过在真实场景中，强化学习的表现如何，还需要更多的验证。

还有研究者将循环强化学习算法模型（Recurrent Reinforcement Learning，RRL）应用在单一股票和资产投资组合等领域，并针对日内外汇市场、标准普尔 500、美国短期国债等金融资产进行了测试。这种方式下最终获得的回报超过 Q-Learning 策略和买入持有策略，并在交易次数上明显小于 Q-Learning 策略。

12.3　信息安全中的应用

在信息安全的场景中，通常会面临对抗的问题，传统的基于规则和黑名单的安全防御机制难免会被黑客绕过。通常企业内部会部署安全措施，测试内部系统的健壮性。传统的安全攻防主要还是依靠人来发现漏洞，如果可以比较好地定义攻击动作，那么基于强化学习的方法可以更好地发现漏洞，在某些场景中提前预判一些新的攻击行为，提升整体的安全水位。

例如，我们可以利用强化学习来做自动化渗透。DeepExploit 就基于 Metasploit 进行渗透，Metasploit 给出了可用的渗透策略。DeepExploit 通过构建目标机器状态，来测试不同的 sploit 测试是否可以成功，并返回奖赏。根据目标机器状态，快速决策出大概率能执行成功的策略，利用策略来找出系统漏洞，提升模型防御的能力。

在《Web 安全之强化学习与 GAN》一书中，作者也提到了利用强化学习来提升恶意程序检测能力、智能提升 WAF 的防护能力和智能提升垃圾邮件检测能力的例子。此处的关键是如何定义状态和动作。我们可以把入侵的策略（payload）定义为状态，而把一些常见的攻击绕过方式定义为动作，比如大小写混淆、插入注释等。通过执行一系列的动作，尝试绕过机器的防御。如果成功，就把执行的动作组合起来，成为一条可以绕过防御的链路。这个检测出来的链路就是一个安全漏洞，需要加固。

12.4　自动调参中的应用

另一个应用很广泛的领域是机器学习的自动调参和寻找最优参数结构，也被称为 AutoML。一个 AutoML 任务通常被定义为，在无须人工协助的情况下，借助有限的计算资源，找到表现最好的模型的方法。AutoML 需要解决几个问题：（1）自动进行特征选择，（2）自动进行模型调优，（3）自动选择优化算法。AutoML 可以是端到端的管道（pipeline）模式，也可以针对其中的一个子任务优化。

AutoML 的算法有很多，有贝叶斯算法、多臂老虎机算法、进化算法、强化算法等。和在真实场景中的一些应用相比，在 AutoML 中，深度强化学习的应用是比较容易的。因为虚拟环境的搭建成本比较低，同时也可以比较容易地制定奖赏，剩下的事情交给计算机完成。

强化算法中，通常会有两个任务，一个是自动搜索网络结构。Google Brain 2018 年在 *Learning Transferable Architectures for Scalable Image Recognition* 中提出的 NASNet 是其中比较成功的算法。整体的算法由 controller 和 validator 组成，controller 选取一个网络结构。基于这个网络结构，validator 评估准确率，然后这个准确率就可以作为奖赏指导 controller 迭代。整体来看，在最终花费了 2000 GPU 小时之后，NASNet 能够自动找到效果很好的网络结构，其在识别任务上超越了 Inception、ResNet、MobileNet 和 SENet，如图 12.3 所示。

在文章 *Neural Optimizer Search with Reinforcement Learning* 中，强化学习被用来寻找最佳的优化算子。优化的权重方程可以转换成一个有限的搜索空间，包含 sgd、rmsprop、adam 等优化方法，然后用准确率作为奖赏，寻找最优的权重更新算子。

在模型压缩上，也可以利用强化学习方法来进行模型量化和剪枝。它本质上也是一个搜索问题。例如在 HAQ 和 AutoQB 中，我们可以在

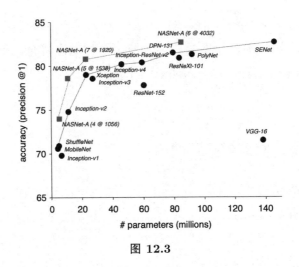

图 12.3

不同的层尝试不同的量化方法，在提升模型推理效率的情况下，尽量不降低模型的精度。而在模型剪枝的过程中，利用强化学习的方法，可以精细化地控制神经网络每一层的剪枝策略，保证模型大小和精度的平衡。

12.5 交通控制中的应用

智能交通信号灯控制对于高效的交通系统至关重要。现有的交通信号灯主要由手工制定的规则操作，而智能交通信号灯控制系统的目标是希望能够根据环境的实时变化来智能调整信号灯。

使用人工智能技术控制交通信号灯是一个新兴趋势，最近的研究显示取得了不错的效果。来自宾夕法尼亚大学的研究人员提出了一种用于交通信号灯控制的更有效的深度强化学习模型[77]，并在从监控摄像头获得的大规模真实交通数据集上测试了该方法。

研究人员将路口的情况，包括等待车辆数、车辆距离路口距离、路口车辆图片建模成状态，红绿灯之间的切换则作为要采取的动作，并综合考虑多种因素来形成奖赏，再利用 DQN 算法训练，如图 12.4 所示。经过强化学习训练之后，路口通行效率等指标都得到了提升，表明了方法的有效性。

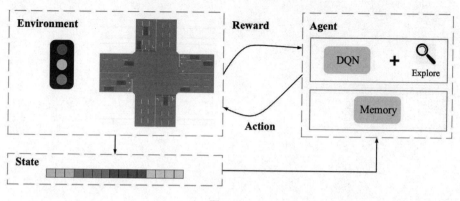

图 12.4

第四部分

总结与展望篇

13

问题与挑战

使用了深度强化学习技术的 AlphaGo 战胜人类围棋冠军，之后的改进版本 AlphaGo Zero 甚至都不需要人类玩家的数据，就完胜人类选手，这彰显了深度强化学习在围棋项目上的成效。在 AlphaGo 之后，许多研究人员都转向深度强化学习的研究，很多公司的工程师们也在业务中积极应用深度强化学习技术，让人感觉深度强化学习即将迎来全面落地的黄金时代，甚至有人认为通用人工智能时代也因此即将来临。

事实并非如此，深度强化学习技术自然不是包治百病的神药。我们接下来认真分析一下目前深度强化学习面临的问题与挑战。

13.1　样本利用率低

深度强化学习依赖于智能体的试错学习，从环境的交互中获取数据（而非利用有标记的样本），通过这些数据更新策略，再进一步与环境交互。经过反复迭代，在合适的场景和设定下，可能会学习到比较好的策略。

目前业界使用较多的仍然是无模型的方法，也就是不了解环境的动态特性，只依靠交互得到的数据。显然，这会得到大量质量不高的数据。监督学习则不同，它拥有很高质量的有标记数据，样本利用率要高得多。

深度强化学习技术的成功应用之一是用 DQN 系列的算法玩 Atari

2600 游戏。Rainbow DQN 算法对原始 DQN 做了几种改进，效果超过了之前的几个版本，图 13.1 展示了它在 Atari 游戏上的效果。从中可以看到，Rainbow DQN 在样本量超过 1800 万帧时，才能达到 100% 的阈值，大概相当于人类玩了 83 个小时。并且，这已经是经过很多次优化后的结果，Distributional DQN 达到同样的表现则大概需要 7000 万帧，而 Nature DQN 永远无法达到此水平。可以看出，深度强化学习技术所需要的样本量是非常庞大的。

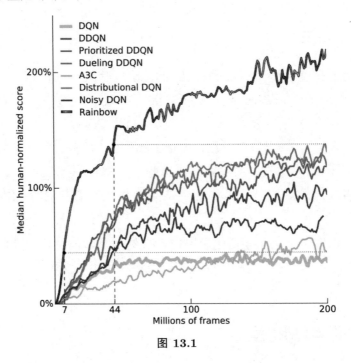

图 13.1

要知道，Atari 上的这些比较简单的游戏尚且需要这么多的样本进行训练，那么更加复杂的游戏和其他场景下所需要的样本量就更庞大了。OpenAI 基于深度强化学习技术，为 Dota 2 游戏研发了人工智能，并达到了人类顶尖水平，训练水平与训练时间的关系如图 13.2 所示。

可以看出，当前版本的 OpenAI Five 已经消耗了 800 petaflop/s-days（1 petaflop/s 是每秒 10^{15} 次浮点数运算，1 petaflop/s-days 相当于一天执行了 10^{20} 次浮点数运算）的计算规模，共训练了 10 个月，经历约 45 000 年的 Dota 模拟对局时长，平均每天 250 年的模拟对局。OpenAI

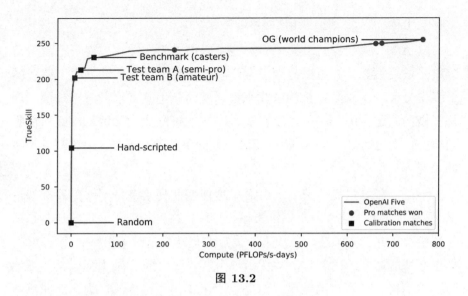

图 **13.2**

Five 的最终版本与去年的 TI 版本相比，胜率为 99.9%。这意味着训练过程需要消费海量数据和庞大的计算资源，成本是巨大的。

海量的数据和庞大计算资源，决定了深度强化学习技术在实际应用中有一定的门槛，如果没有足够的算力支撑，则很难应用在稍复杂的问题和场景中。尽管游戏客户端是天然的模拟器，可以无限地产生数据，但是大量其他应用场景的数据量是有限的，很难有效采用此方法。

13.2　奖赏函数难以设计

监督学习通过样本的特征与标记之间的联系进行训练，并优化损失函数来找到数据之间的关系。深度强化学习是没有标记的，因此需要人为设定奖赏，再最大化累积的奖赏值，这个奖赏值被称为延迟标记或弱标记。

大胆想象一下，如果在做监督学习的时候，样本中的标记有错误会怎样？这就是监督学习中经常提到的噪声了。噪声的增加会明显降低学习效果，如果样本中的噪声特别多，就无法展开训练。深度强化学习中没有样本，奖赏就起到了类似标记的作用，显然奖赏的质量高低会显著影响强化学习的收敛速度和最终学习效果。

以 Atari 游戏为例，其中的奖赏可以设置为玩游戏的得分，由于得分就是最终目标，它可以有效引导学习。但是，如果奖赏仅限于游戏的最终得分，对于时间较长的游戏来说，就会产生奖赏信号过于稀疏、训练缓慢的问题。因此，也可以将某段时间的得分作为奖赏，以此加快收敛速度。幸运的是，Atari 游戏相对比较简单、费时不多，最终都有不错的表现。

不过，在场景复杂的情况下简单地使用此种奖赏是不够的。例如论文[52] 利用深度强化学习来训练机械手学习抓握的策略，设定的目标是抓住红色块，并把它堆在蓝色块上。设定的奖赏是：对于初始的抬升动作，根据红块的高度给出奖赏，奖赏函数由红块底面的 z 轴坐标定义。虽然最终训练得到了不错的效果，但是也产生了一些奇怪的行为，比如策略习得的行为是把红块倒转过来，而不是捡起来。因为从强化学习的角度来看，翻转动作能够得到奖赏，自然会选择此策略。为了解决类似这样的问题，一种可能的办法就是仔细地调整奖赏函数、增加新的条件、调整具体的系数，再观察实验效果，直到目标行为在深度强化学习算法中出现。当然，这种办法也很可能会出现"按下葫芦起了瓢"的现象，最终花费较多的时间。

如果是更复杂的问题，又该怎么办？以 Dota 2 游戏上的 OpenAI Five 为例，Dota 2 游戏过程中有许多非常不同的场景，比如对线、抓人、打野、打塔、团战等，它们都会对游戏结果产生影响，具有高度的策略性，每一个调整都会影响结局，因此奖赏的设计是相当困难的。论文中涉及奖赏设计的内容非常多，可以想象团队做了相当多的实验和比较，而且，也没有结论表明目前的设计就是最优的。

13.3 实验效果难复现

近年来，深度强化学习受到极大的关注，相关论文的数量增长迅速，并且涉及算法创新和工程方向。不幸的是，其中一些论文所宣称的效果却很难被复现，引发众多诟病。著名的强化学习专家 Doina Precup 和 Joelle Pineau 就曾发文批评当前深度强化学习领域论文数量多却水分大、实验难以复现等问题[30]，这在学术界和工业界引发了热烈反响。此外，Joelle Pineau 在 NIPS 2017 的报告中也对此问题进行了详细的阐述和说明：Pineau 展示了当前不同深度强化学习算法的大量可复现性实验，不幸的是，不同深度强化学习算法在不同任务、不同超参数、不同随机种子下的效果大相径庭[24]。

当然，要说明的是，可复现的问题并不只在强化学习领域中存在。《自然》杂志的一项调查表明，90% 的被访者认为"可复现性"问题是科研领域存在的危机，甚至有超过一半的被访问者认为问题已经到了非常严重的程度。其他的调查还表明，不同领域的研究者都有很高比例无法复现自己过去实验的情况。

深度强化学习中可复现问题的存在困扰了很多研究者。深度神经网络本身是高度依赖网络结构设定和参数设置（甚至随机种子）的，但很多论文中并没有对此部分详细说明，而将主要的篇幅都放在了算法的细节和推导过程、展示实验结果上，研究者仅依靠伪代码要复现实验就变得非常困难。

同时，如前面所提到的，强化学习的训练效果与所设计的奖赏密切相关，奖赏的好坏会极大影响最终的实验效果，但是很多论文中对这部分避而不谈，或者偶尔介绍奖赏设计的结构，却很难详细说明具体的权重设计。此外，大部分应用类的论文，所使用的环境大多是自己的业务场景，由于奖赏设计与业务联系紧密，出于商业的考虑，这些内容既不方便公开，也不能直接被其他人所使用。

除此之外，代码实现和数据处理等也会影响最终的学习效果，比如资料 [19] 中就对 PPO 和 TRPO 进行实验，发现给 PPO 带来真正性能的提升以及将策略约束在信任域内的效果，都不是通过 PPO 论文中提出的对新的策略和原策略的比值进行裁切（clip）带来的，而是通过代码级别的一些技巧带来的。以上种种原因，让深度强化学习领域出现了可复现性危机，影响了领域的健康发展。

13.4　行为不完全可控

如前所说，深度强化学习以最大化累积奖赏为目标，并不在乎完成目标的途径和手段。以 Atari 游戏为例，我们可以训练智能体拿到尽量多的得分，但是从人类的角度来看，可能会发现对方操作频率过快、抖动、打法不像人类行为。并且，训练得到的智能体实际上只能适用于这样一个静态环境，如果游戏场景中出现了训练中从未遇到的情况，就难以表现出合理行为，甚至会让人感觉出现了一个和之前非常像的"怪物"，智能体可能会无所适从，而人类显然可以沿用之前的知识流畅地操作。

这使得深度强化学习技术在应用上可能遭遇一些问题。比如我们前面提到，可以利用深度强化学习技术来进行游戏内的 Bot 或 NPC 的研发。但是游戏场景中经常会遇到很多意外的情况，比如人类玩家会有其他各种操作，这些操作显然在训练阶段不可能完全遇到，这就意味着如果完全依靠模型，可能会出现很多异常的行为表现，使得玩家的用户体验下降。另外，训练过程中可能会以"打败对手"为目标，但在实际应用中，可能会有"操作怪怪的"、动作不自然等问题，这些目前都比较难处理。同样地，如果将深度强化学习技术应用于对话系统中，由于真实对话场景复杂多变，也很容易出现奇怪的回答，影响用户体验。

14

深度强化学习往何处去

我们在第 13 章介绍了深度强化学习面临的问题和挑战，对于真正有追求的研究人员，这恰好是机遇，是应该攻克的难题。毕竟，任何事物的发展都不是一帆风顺的。

幸运的是，已经有不少研究人员着手研究这些问题并取得了令人鼓舞的成果，下面列举了一些相关的研究方向。

（1）提出新的基于模型的算法，以及尝试结合搜索与监督的方法[37, 35]，以提升样本的利用效率[40]。

（2）将迁移学习，元学习等技术引入深度强化学习中，使深度强化学习不仅可以应用于单一任务，也可以适用于多个任务；并且，能利用之前任务中的经验，加快训练速度，快速地适应新任务。

（3）在相对复杂的任务中采用分层的深度强化学习方法，将最终目标分解为多个子任务来学习层次化的策略，并通过组合多个子任务的策略形成有效的全局策略。通过这样的方式，一个任务可以拆解成难度较低的子任务，学习更容易；同时，也方便通过层次化的方式进行更具体的设置，并加入人类经验，使模型更加可控。

（4）真实环境中，经常会有多个决策者，并且其中会存在竞争合作等关系，而一般的深度强化学习设定中则是单智能体的决策，这显然是不够的。有的研究工作尝试将多智能体与博弈论的技术应用到深度强化学习中，以适应真实环境中更加复杂的问题。

14.1 未来发展和研究方向

14.1.1 有模型的方法潜力巨大

本书所介绍的算法大都是无模型的方法，比如 TRPO 算法、DQN 算法等，它们也是深度强化学习领域内发展最快的方向，确实解决了很多问题，取得不少成果。但是无模型的方法本身存在不少问题，因此面临许多挑战。

（1）无模型的方法很难从没有奖赏信号的样本中学习。不幸的是，强化学习问题中奖赏信号本身就是稀疏的，这导致样本利用率太低。目前的解决方案就是利用海量的样本，再配合算力的增加，提升学习效果。比如利用 DQN 算法训练玩 Atari 2600 游戏，需要千万级的帧数据才可能达到与人类相当的水平。

（2）在其他与机械控制相关的问题中，和游戏相比，获取训练数据的难度大得多，因此，只能在模拟器中进行训练。由于模拟器环境与现实世界差别很大，影响了实际的应用效果。

（3）基于动力学模型做出的预测，是具有解释性、行为可控的，但是基于无模型的方法做出的预测是不具有可解释性的，很难调试，且很不稳定，容易出现异常情况。

前面介绍过，有模型的方法可以从数据中学习动力模型，再基于此模型来优化策略。模型的引入，使算法可以充分利用每一个样本来逼近模型，极大提升了样本利用率。根据在一些控制问题上的观察比较可以发现，和无模型的方法相比，基于模型的方法有 10^2 级的采用率提升，十分可观。另外，基于模型的方法即便面临一些环境的变化时，鲁棒性仍然较好，能依据已学到的模型推理，获得比较好的泛化性能。

但是，目前有模型的方法还不成熟，仍有不少问题。例如，很多问题本身就很难甚至完全无法建立模型，此时，一般只能通过使用 R-max 算法先与环境交互，计算出一个模型，再为后续使用。但这种方法的复杂度较高，较难使用。此外，建模本身的误差和模型通用性都是需要考虑的。

如果说无模型的方法是基于统计的，那么有模型的方法则可以看成是基于知识的方法。当前无模型的深度强化学习方法发展迅速，但是有模型的深度强化学习方法则相对少得多，因此这是一个值得下工夫的研究方向。将有模型与无模型的方法结合也是一个可能的趋势，比如 Sutton 提出的 Dyna 框架和 David Silver 提出的 Dyna-2 框架[66, 65]。

14.1.2　模仿学习

传统的监督学习通过有标记的数据学习，而一般的强化学习则不依赖有标记样本，这虽然提高了强化学习的适用范围，但也降低了它的学习效率。为了解决这个问题，有研究人员提出用模仿学习来使用有标记的数据，加快收敛速度。

模仿学习是从示教者提供的范例中学习，一般提供人类专家的决策数据，每个决策包含状态和动作序列，将所有状态动作对抽取出来构造新的集合。

模仿学习目前可以分为三类，一是行为克隆（Behavior Cloning），二是逆强化学习（Inverse Reinforcement Learning），三是利用对抗生成的方法（GAIL）。

行为克隆就是直接用监督学习方法拟合有标记的数据。它的明显缺点是只拟合了提供的数据。例如，用模仿学习训练模型玩赛车游戏，如果提供了很多高手的数据，那么期望训练效果会非常好。然而，由于实际游戏过程中可能会发生很多意外情况，即出现了训练集中不存在的样本，这时就可能会导致很大的决策误差。在强化学习的环境中，一次误差可能会导致后续所有的情况都发生变化，使模型的表现很差，如图14.1 所示。

逆强化学习放弃直接拟合人类行为的方法，期望利用隐藏在人类行为背后的奖赏函数，利用奖赏函数去学习策略，图 14.2 展示了逆强化学习的过程。

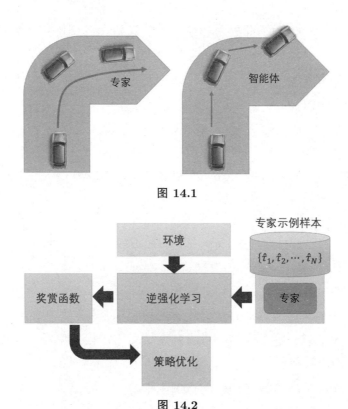

图 14.1

图 14.2

利用对抗生成网络的方式来实现模仿学习[25]，简单地说，就是用对抗生成网络中的生成器（Generator）来产生一个轨迹，用判别器（Discriminator）来区分给定的轨迹是否来自专家。

目前模仿学习也逐渐为学术界和工业界所重视，产生了一些研究成果。比如南京大学和阿里巴巴合作，在淘宝的搜索场景中基于 GAIL 做了相关改进，可以大量生成用户数据，并基于此制作了淘宝场景下的模拟器，可以离线训练，减少线上的损失[59]。但是目前这部分的研究还不充分，相信未来研究者的努力会产生更多的成果。

14.1.3 迁移学习的引入

业界对迁移学习的研究已经有一段时间了，它把在源任务中学到的经验应用到目标任务中，提高目标任务的训练效率，解决很多因训练数据不足或者无法直接和环境交互获取训练数据的问题。迁移学习也有很多不同的方向，根据源域和目标域与任务之间的不同情况，可分为三个类别，分别是归纳式迁移学习（Inductive Transfer Learning）、无监督迁移学习（Unsupervised Transfer Learning）和直推式迁移学习（Transductive Transfer Learning）[49, 54]。

在深度强化学习任务中应用迁移学习技术来提升训练效果和收敛速度，已经有了一些研究，也产生了不错的效果。来自中科院的研究人员在《星际争霸》游戏上训练人工智能，使用了课程迁移学习和强化学习结合的方式，控制《星际争霸》微操中的多个单元。具体可分为如下步骤。

（1） 在小规模场景中训练，学习如何以 100% 的获胜率与内置人工智能战斗并击败它。

（2） 使用课程迁移学习方法逐步训练一组单元，并且在目标方案中显示出优于某些基线方法的性能。

（3） 使用迁移学习方法将模型扩展到更复杂的场景，加快训练过程并提高学习性能[58]。

来自南京大学和网易公司的研究人员提出了一种基于新型 MDP 相似性概念的可扩展的迁移学习方法，直接对值函数和 N-Step Return 迁移，并将之运用在《吃豆人》和其他游戏中。结果表明，该方法可以显著加快训练速度，并提升渐进性能。

佐治亚理工学院的研究人员探索了知识和网络参数的迁移，通过实验，作者得出结论，知识图谱通过为智能体提供不同游戏的状态和动作空间之间更明确且可解释的映射，使它们能够在深度强化学习智能体中迁移，另外他们还实现了网络参数的迁移，收敛性能提高了80%[2]。

可以看出，在深度强化学习中应用迁移学习的方法取得到了令人鼓舞的成效，也证明该方向很有前景。

14.1.4 分层强化学习

深度强化学习样本利用率较低，意味着需要强大的算力支撑才能得到不错的结果，当环境较为复杂或者任务较为困难时，智能体的状态空间过大，会导致需要学习的参数以及所需的存储空间急速增长。为了降低问题的复杂度，研究者提出了分层强化学习的概念，期望将原始的复杂问题分解、拆分成多个小问题（这种拆分可能是多层次的），再分别解决，以达到解决原始问题的目的。

现有的分层强化学习方法大致可分为四类：基于选项（option）的强化学习、基于 MaxQ 值函数分解（MaxQ Value Function Decomposition）的分层强化学习、基于分层抽象机（Hierarchical of Abstract Machines）的分层强化学习、以及端到端的（End to End）分层强化学习。这些方法都取得了一定的成效[82]。

DeepMind 的研究人员提出的分层强化学习结构 FuN，将任务分解为子任务来学习复杂行为或学习达成目标，FuN 中的 Manager 采取了在较低的时间分辨率下工作的策略，并设置传递给 Worker，由 Worker 实现目标，而 Worker 在每个点上都会生成原始的动作，图 14.3 展示了其架构的示意图。FuN 在 Atari 2600 多个游戏上的实验显示，该模型取得了比 LSTM 的基线更好的效果。[71]

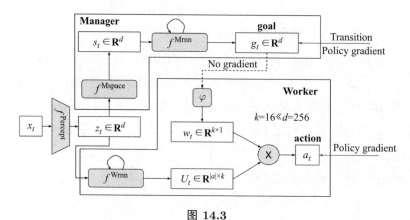

图 14.3

14.2　审慎乐观，大有可为

由 AlphaGo 带来的深度强化学习在全球学术界和工业界的大流行，促使很多研究者和工程师投身此领域，以为靠着这样一颗灵丹妙药就可以包打天下，无所不能了。后来的事情大家也都知道了，许多人发现了自己似乎"进了坑"——深度强化学习原来并不是百试百灵的，更不是即插即用的，有不少限制条件，门槛也不低。我们应该对深度强化学习的发展秉持审慎乐观的态度。

判断一个方向是否有前景，粗略的方式是看它是否有成功落地的可能，虽然这有些狭隘，但也不影响我们将它作为一个参考依据。

深度强化学习技术的确在很多行业中得到了应用，且取得了不错的效果。像本书提及的游戏相关行业：围棋、棋牌类游戏和电子游戏等。目前，已有多款游戏使用了深度强化学习研发的人工智能，并且效果很好。著名的国民手游《王者荣耀》就提供过机器人对战的玩法，引起很多玩家的关注。

此外，国内的不少游戏公司都成立了游戏人工智能相关的研究和研发部门，甚至已经有一些游戏人工智能的创业公司出现，这足以证明深度强化学习在这个行业已经成功落地。

互联网世界中与机器学习联系紧密的场景之一是搜索和推荐。实际上，深度强化学习中的 Bandits 系列算法在商品推荐、新闻推荐等领域应用已久。近年来也有一系列的工作将强化学习应用于推荐、排序等任务中，并取得了显著效果。YouTube 就成功地将异策略的深度强化学习方法应用到了视频推荐中，作者也公开宣称这次深度强化学习算法引入的线上实验效果显示，这是 YouTube 单个项目近两年来最大的奖赏增长，这实在是足够令人鼓舞了[15]。这有力地证明了深度强化学习是能够适用于推荐系统任务的，只是需要根据业务场景做好相应的适配和改正。

除此之外，我们也欣喜地看到，深度强化学习技术甚至在金融领域也大放异彩。著名的华尔街巨头摩根大通公司就利用它实现了实时的交易系统；创业公司 Kensho 也在交易系统中引入了深度强化学习。

控制相关的领域本身就是强化学习思想的重要来源之一，也是使用深度强化学习技术最成熟的领域之一。

在机器人领域，深度强化学习也有自己的优势，它可以学到关于状态动作空间的策略，对环境的适应性更好。

尽管深度强化学习本身确实存在很多需要解决的问题，也确实像很多曾经火热的研究方向一样，出现过不少的泡沫，但是这并不影响深度强化学习本身取得的真实进步和成就。不管是从它本身实际的发展现状，还是从它在各个行业落地的情况来看，深度强化学习都仍然在不断地向前发展，必将取得更多的进展。

踏踏实实，审慎乐观，广阔天地，大有可为，与诸君共勉。

参考资料

[1] Pieter Abbeel and Andrew Y Ng. Apprenticeship learning via inverse reinforcement learning. In *Proceedings of the twenty-first international conference on Machine learning*, page 1, 2004.

[2] Prithviraj Ammanabrolu and Mark O Riedl. Transfer in deep reinforcement learning using knowledge graphs. *arXiv preprint arXiv:1908.06556*, 2019.

[3] Mayank Bansal, Alex Krizhevsky, and Abhijit Ogale. Chauffeurnet: Learning to drive by imitating the best and synthesizing the worst. *arXiv preprint arXiv:1812.03079*, 2018.

[4] Horace B Barlow. Unsupervised learning. *Neural computation*, 1(3):295–311, 1989.

[5] Etienne Barnard. Temporal-difference methods and markov models. *IEEE Transactions on Systems, Man, and Cybernetics*, 23(2):357–365, 1993.

[6] Gabriel Barth-Maron, Matthew W Hoffman, David Budden, Will Dabney, Dan Horgan, Dhruva Tb, Alistair Muldal, Nicolas Heess, and Timothy Lillicrap. Distributed distributional deterministic policy gradients. *arXiv preprint arXiv:1804.08617*, 2018.

[7] Richard Bellman. Dynamic programming. *Science*, 153(3731):34–37, 1966.

[8] Christopher Berner, Greg Brockman, Brooke Chan, Vicki Cheung, Przemysλaw Dκebiak, Christy Dennison, David Farhi, Quirin Fischer, Shariq Hashme, Chris Hesse, et al. Dota 2 with large scale deep reinforcement learning. *arXiv preprint arXiv:1912.06680*, 2019.

[9] Mariusz Bojarski, Davide Del Testa, Daniel Dworakowski, Bernhard Firner, Beat Flepp, Prasoon Goyal, Lawrence D Jackel, Mathew Monfort, Urs Muller, Jiakai Zhang, et al. End to end learning for self-driving cars. *arXiv preprint arXiv:1604.07316*, 2016.

[10] Steven J Bradtke and Andrew G Barto. Linear least-squares algorithms for temporal difference learning. *Machine learning*, 22(1-3):33–57, 1996.

[11] Noam Brown and Tuomas Sandholm. Superhuman ai for heads-up no-limit poker: Libratus beats top professionals. *Science*, 359(6374):418–424, 2018.

[12] Murray Campbell, A Joseph Hoane Jr, and Feng-hsiung Hsu. Deep blue. *Artificial intelligence*, 134(1-2):57–83, 2002.

[13] Rich Caruana and Alexandru Niculescu-Mizil. An empirical comparison of supervised learning algorithms. In *Proceedings of the 23rd international conference on Machine learning*, pages 161–168, 2006.

[14] Minmin Chen, Alex Beutel, Paul Covington, Sagar Jain, Francois Belletti, and Ed H Chi. Top-k off-policy correction for a reinforce recommender system. In *Proceedings of the Twelfth ACM International Conference on Web Search and Data Mining*, pages 456–464, 2019.

[15] Minmin Chen, Alex Beutel, Paul Covington, Sagar Jain, Francois Belletti, and Ed H Chi. Top-k off-policy correction for a reinforce recommender system. In *Proceedings of the Twelfth ACM International Conference on Web Search and Data Mining*, pages 456–464, 2019.

[16] Shi-Yong Chen, Yang Yu, Qing Da, Jun Tan, Hai-Kuan Huang, and Hai-Hong Tang. Stabilizing reinforcement learning in dynamic environment with application to online recommendation. In *Proceedings of the 24th ACM SIGKDD International Conference on Knowledge Discovery & Data Mining*, pages 1187–1196, 2018.

[17] Marc Deisenroth and Carl E Rasmussen. Pilco: A model-based and data-efficient approach to policy search. In *Proceedings of the 28th International Conference on machine learning (ICML-11)*, pages 465–472, 2011.

[18] Kenji Doya. Temporal difference learning in continuous time and space. In *Advances in neural information processing systems*, pages 1073–1079, 1996.

[19] Logan Engstrom, Andrew Ilyas, Shibani Santurkar, Dimitris Tsipras, Firdaus Janoos, Larry Rudolph, and Aleksander Madry. Implementation matters in deep rl: A case study on ppo and trpo. In *International Conference on Learning Representations*, 2019.

[20] Lasse Espeholt, Hubert Soyer, Remi Munos, Karen Simonyan, Volodymir Mnih, Tom Ward, Yotam Doron, Vlad Firoiu, Tim Harley, Iain Dun-

ning, et al. Impala: Scalable distributed deep-rl with importance weighted actor-learner architectures. *arXiv preprint arXiv:1802.01561*, 2018.

[21] David A Forsyth and Jean Ponce. *Computer vision: a modern approach.* Prentice Hall Professional Technical Reference, 2002.

[22] Ian Goodfellow, Yoshua Bengio, and Aaron Courville. *Deep learning.* MIT press, 2016.

[23] John Hammersley. *Monte carlo methods.* Springer Science & Business Media, 2013.

[24] Peter Henderson, Riashat Islam, Philip Bachman, Joelle Pineau, Doina Precup, and David Meger. Deep reinforcement learning that matters. In *Thirty-Second AAAI Conference on Artificial Intelligence*, 2018.

[25] Jonathan Ho and Stefano Ermon. Generative adversarial imitation learning. In *Advances in neural information processing systems*, pages 4565–4573, 2016.

[26] Ronald A Howard. Dynamic programming and markov processes. 1960.

[27] Ronald A Howard. Dynamic programming and markov processes. 1960.

[28] Eugene Ie, Vihan Jain, Jing Wang, Sanmit Navrekar, Ritesh Agarwal, Rui Wu, Heng-Tze Cheng, Morgane Lustman, Vince Gatto, Paul Covington, et al. Reinforcement learning for slate-based recommender systems: A tractable decomposition and practical methodology. *arXiv preprint arXiv: 1905.12767*, 2019.

[29] Anastasia Ioannidou, Elisavet Chatzilari, Spiros Nikolopoulos, and Ioannis Kompatsiaris. Deep learning advances in computer vision with 3d data: A survey. *ACM Computing Surveys (CSUR)*, 50(2):1–38, 2017.

[30] Riashat Islam, Peter Henderson, Maziar Gomrokchi, and Doina Precup. Reproducibility of benchmarked deep reinforcement learning tasks for continuous control. *arXiv preprint arXiv:1708.04133*, 2017.

[31] Qiqi Jiang, Kuangzheng Li, Boyao Du, Hao Chen, and Hai Fang. Deltadou: expert-level doudizhu ai through self-play. In *Proceedings of the 28th International Joint Conference on Artificial Intelligence*, pages 1265–1271. AAAI Press, 2019.

[32] John G Kemeny and J Laurie Snell. *Markov chains.* Springer-Verlag, New York, 1976.

[33]   Vijay R Konda and John N Tsitsiklis. Actor-critic algorithms. In *Advances in neural information processing systems*, pages 1008–1014, 2000.

[34]   Thanard Kurutach, Ignasi Clavera, Yan Duan, Aviv Tamar, and Pieter Abbeel. Model-ensemble trust-region policy optimization. *arXiv preprint arXiv:1802.10592*, 2018.

[35]   Thanard Kurutach, Ignasi Clavera, Yan Duan, Aviv Tamar, and Pieter Abbeel. Model-ensemble trust-region policy optimization. *arXiv preprint arXiv:1802.10592*, 2018.

[36]   Yann LeCun, Yoshua Bengio, and Geoffrey Hinton. Deep learning. *nature*, 521(7553):436–444, 2015.

[37]   Sergey Levine and Vladlen Koltun. Guided policy search. In *International Conference on Machine Learning*, pages 1–9, 2013.

[38]   Junjie Li, Sotetsu Koyamada, Qiwei Ye, Guoqing Liu, Chao Wang, Ruihan Yang, Li Zhao, Tao Qin, Tie-Yan Liu, and Hsiao-Wuen Hon. Suphx: Mastering mahjong with deep reinforcement learning. *arXiv preprint arXiv: 2003.13590*, 2020.

[39]   Timothy P Lillicrap, Jonathan J Hunt, Alexander Pritzel, Nicolas Heess, Tom Erez, Yuval Tassa, David Silver, and Daan Wierstra. Continuous control with deep reinforcement learning. *arXiv preprint arXiv:1509.02971*, 2015.

[40]   Quan Liu, Jian-Wei Zhai, Zong-Zhang Zhang, S Zhong, Q Zhou, P Zhang, and J Xu. A survey on deep reinforcement learning. *Chin. J. Comput*, 41(1):1–27, 2018.

[41]   Yuping Luo, Huazhe Xu, Yuanzhi Li, Yuandong Tian, Trevor Darrell, and Tengyu Ma. Algorithmic framework for model-based deep reinforcement learning with theoretical guarantees. *arXiv preprint arXiv:1807.03858*, 2018.

[42]   Tom M Mitchell et al. Machine learning, 1997.

[43]   Volodymyr Mnih, Adria Puigdomenech Badia, Mehdi Mirza, Alex Graves, Timothy Lillicrap, Tim Harley, David Silver, and Koray Kavukcuoglu. Asynchronous methods for deep reinforcement learning. In *International conference on machine learning*, pages 1928–1937, 2016.

[44]   Volodymyr Mnih, Koray Kavukcuoglu, David Silver, Alex Graves, Ioannis Antonoglou, Daan Wierstra, and Martin Riedmiller. Playing atari with deep reinforcement learning. *arXiv preprint arXiv:1312.5602*, 2013.

[45] Volodymyr Mnih, Koray Kavukcuoglu, David Silver, Alex Graves, Ioannis Antonoglou, Daan Wierstra, and Martin Riedmiller. Playing atari with deep reinforcement learning. *arXiv preprint arXiv:1312.5602*, 2013.

[46] Volodymyr Mnih, Koray Kavukcuoglu, David Silver, Andrei A Rusu, Joel Veness, Marc G Bellemare, Alex Graves, Martin Riedmiller, Andreas K Fidjeland, Georg Ostrovski, et al. Human-level control through deep reinforcement learning. *Nature*, 518(7540):529–533, 2015.

[47] Volodymyr Mnih, Koray Kavukcuoglu, David Silver, Andrei A Rusu, Joel Veness, Marc G Bellemare, Alex Graves, Martin Riedmiller, Andreas K Fidjeland, Georg Ostrovski, et al. Human-level control through deep reinforcement learning. *Nature*, 518(7540):529–533, 2015.

[48] Daniel Chi Kit Ngai and Nelson Hon Ching Yung. A multiple-goal reinforcement learning method for complex vehicle overtaking maneuvers. *IEEE Transactions on Intelligent Transportation Systems*, 12(2):509–522, 2011.

[49] Sinno Jialin Pan and Qiang Yang. A survey on transfer learning. *IEEE Transactions on knowledge and data engineering*, 22(10):1345–1359, 2009.

[50] Xue Bin Peng, Pieter Abbeel, Sergey Levine, and Michiel van de Panne. Deepmimic: Example-guided deep reinforcement learning of physics-based character skills. *ACM Transactions on Graphics (TOG)*, 37(4):1–14, 2018.

[51] Xue Bin Peng, Glen Berseth, KangKang Yin, and Michiel Van De Panne. Deeploco: Dynamic locomotion skills using hierarchical deep reinforcement learning. *ACM Transactions on Graphics (TOG)*, 36(4):1–13, 2017.

[52] Ivaylo Popov, Nicolas Heess, Timothy Lillicrap, Roland Hafner, Gabriel Barth-Maron, Matej Vecerik, Thomas Lampe, Yuval Tassa, Tom Erez, and Martin Riedmiller. Data-efficient deep reinforcement learning for dexterous manipulation. *arXiv preprint arXiv:1704.03073*, 2017.

[53] Ivaylo Popov, Nicolas Heess, Timothy Lillicrap, Roland Hafner, Gabriel Barth-Maron, Matej Vecerik, Thomas Lampe, Yuval Tassa, Tom Erez, and Martin Riedmiller. Data-efficient deep reinforcement learning for dexterous manipulation. *arXiv preprint arXiv:1704.03073*, 2017.

[54] Sachin Ravi and Hugo Larochelle. Optimization as a model for few-shot learning. 2016.

[55] Tom Schaul, John Quan, Ioannis Antonoglou, and David Silver. Prioritized experience replay. *arXiv preprint arXiv:1511.05952*, 2015.

[56] John Schulman, Sergey Levine, Pieter Abbeel, Michael Jordan, and Philipp Moritz. Trust region policy optimization. In *International conference on machine learning*, pages 1889–1897, 2015.

[57] John Schulman, Filip Wolski, Prafulla Dhariwal, Alec Radford, and Oleg Klimov. Proximal policy optimization algorithms. *arXiv preprint arXiv:1707.06347*, 2017.

[58] Kun Shao, Yuanheng Zhu, and Dongbin Zhao. Starcraft micromanagement with reinforcement learning and curriculum transfer learning. *IEEE Transactions on Emerging Topics in Computational Intelligence*, 3(1):73–84, 2018.

[59] Jing-Cheng Shi, Yang Yu, Qing Da, Shi-Yong Chen, and An-Xiang Zeng. Virtual-taobao: Virtualizing real-world online retail environment for reinforcement learning. In *Proceedings of the AAAI Conference on Artificial Intelligence*, volume 33, pages 4902–4909, 2019.

[60] Jing-Cheng Shi, Yang Yu, Qing Da, Shi-Yong Chen, and An-Xiang Zeng. Virtual-taobao: Virtualizing real-world online retail environment for reinforcement learning. In *Proceedings of the AAAI Conference on Artificial Intelligence*, volume 33, pages 4902–4909, 2019.

[61] David Silver, Aja Huang, Chris J Maddison, Arthur Guez, Laurent Sifre, George Van Den Driessche, Julian Schrittwieser, Ioannis Antonoglou, Veda Panneershelvam, Marc Lanctot, et al. Mastering the game of go with deep neural networks and tree search. *nature*, 529(7587):484, 2016.

[62] David Silver, Thomas Hubert, Julian Schrittwieser, Ioannis Antonoglou, Matthew Lai, Arthur Guez, Marc Lanctot, Laurent Sifre, Dharshan Kumaran, Thore Graepel, et al. Mastering chess and shogi by self-play with a general reinforcement learning algorithm. *arXiv preprint arXiv:1712.01815*, 2017.

[63] David Silver, Guy Lever, Nicolas Heess, Thomas Degris, Daan Wierstra, and Martin Riedmiller. Deterministic policy gradient algorithms. 2014.

[64] David Silver, Julian Schrittwieser, Karen Simonyan, Ioannis Antonoglou, Aja Huang, Arthur Guez, Thomas Hubert, Lucas Baker, Matthew Lai, Adrian Bolton, et al. Mastering the game of go without human knowledge. *Nature*, 550(7676):354–359, 2017.

[65] David Silver, Richard S Sutton, and Martin Müller. Sample-based learning and search with permanent and transient memories. In *Proceedings*

of the 25th international conference on Machine learning, pages 968–975, 2008.

[66] Richard S Sutton. Dyna, an integrated architecture for learning, planning, and reacting. *ACM Sigart Bulletin*, 2(4):160–163, 1991.

[67] Richard S Sutton. Dyna, an integrated architecture for learning, planning, and reacting. *ACM Sigart Bulletin*, 2(4):160–163, 1991.

[68] Richard S Sutton, Andrew G Barto, et al. *Introduction to reinforcement learning*, volume 135. MIT press Cambridge, 1998.

[69] Hado Van Hasselt, Arthur Guez, and David Silver. Deep reinforcement learning with double q-learning. In *Thirtieth AAAI conference on artificial intelligence*, 2016.

[70] Hado Van Hasselt, Arthur Guez, and David Silver. Deep reinforcement learning with double q-learning. In *Thirtieth AAAI conference on artificial intelligence*, 2016.

[71] Alexander Sasha Vezhnevets, Simon Osindero, Tom Schaul, Nicolas Heess, Max Jaderberg, David Silver, and Koray Kavukcuoglu. Feudal networks for hierarchical reinforcement learning. In *Proceedings of the 34th International Conference on Machine Learning-Volume 70*, pages 3540–3549. JMLR. org, 2017.

[72] Oriol Vinyals, Igor Babuschkin, Junyoung Chung, Michael Mathieu, Max Jaderberg, Wojciech M Czarnecki, Andrew Dudzik, Aja Huang, Petko Georgiev, Richard Powell, et al. Alphastar: Mastering the real-time strategy game starcraft ii. *DeepMind blog*, page 2, 2019.

[73] Pin Wang, Ching-Yao Chan, and Arnaud de La Fortelle. A reinforcement learning based approach for automated lane change maneuvers. In *2018 IEEE Intelligent Vehicles Symposium (IV)*, pages 1379–1384. IEEE, 2018.

[74] Tingwu Wang, Xuchan Bao, Ignasi Clavera, Jerrick Hoang, Yeming Wen, Eric Langlois, Shunshi Zhang, Guodong Zhang, Pieter Abbeel, and Jimmy Ba. Benchmarking model-based reinforcement learning. *arXiv preprint arXiv:1907.02057*, 2019.

[75] Ziyu Wang, Tom Schaul, Matteo Hessel, Hado Van Hasselt, Marc Lanctot, and Nando De Freitas. Dueling network architectures for deep reinforcement learning. *arXiv preprint arXiv:1511.06581*, 2015.

[76] Christopher JCH Watkins and Peter Dayan. Q-learning. *Machine learning*, 8(3-4):279–292, 1992.

[77] Hua Wei, Guanjie Zheng, Huaxiu Yao, and Zhenhui Li. Intellilight: A reinforcement learning approach for intelligent traffic light control. In *Proceedings of the 24th ACM SIGKDD International Conference on Knowledge Discovery & Data Mining*, pages 2496–2505, 2018.

[78] Yang Yu, Shi-Yong Chen, Qing Da, and Zhi-Hua Zhou. Reusable reinforcement learning via shallow trails. *IEEE transactions on neural networks and learning systems*, 29(6):2204–2215, 2018.

[79] Shuai Zhang, Lina Yao, Aixin Sun, and Yi Tay. Deep learning based recommender system: A survey and new perspectives. *ACM Computing Surveys (CSUR)*, 52(1):1–38, 2019.

[80] Xiangyu Zhao, Long Xia, Liang Zhang, Zhuoye Ding, Dawei Yin, and Jiliang Tang. Deep reinforcement learning for page-wise recommendations. In *Proceedings of the 12th ACM Conference on Recommender Systems*, pages 95–103, 2018.

[81] Xiangyu Zhao, Liang Zhang, Long Xia, Zhuoye Ding, Dawei Yin, and Jiliang Tang. Deep reinforcement learning for list-wise recommendations. *arXiv preprint arXiv:1801.00209*, 2017.

[82] Wenji Zhou and Yang Yu. Summarize of hierarchical reinforcement learning.

[83] Xiaojin Jerry Zhu. Semi-supervised learning literature survey. Technical report, University of Wisconsin-Madison Department of Computer Sciences, 2005.